高职高专院校"十三五"实训规划教材

CAIYOU GONGCHENG SHIXUN ZHIDAOSHU

采油工程实训指导书

主　编　王　岩

副主编　燕　伟　罗红芳

主　审　许彦政

西北工业大学出版社

【内容简介】 本书系统地介绍了采油工艺仿真、采气工艺仿真、井下作业仿真、压裂酸化工艺仿真、采油工具模型拆装及垂直管流实训的内容。依据采油采气岗位操作与施工流程,将实训内容分为 6 个项目、40 个学习任务进行编写,每个任务分为实训目的、实训设备及任务、实训内容、操作步骤、思考题 5 个部分。本书内容突出采油采气岗位操作性,体现了高职油气开采技术专业师生的教与学的需求。

本书可供油气开采技术专业教学使用,也可以供职业技能培训人员参考。

图书在版编目（CIP）数据

采油工程实训指导书/王岩主编. —西安:西北工业大学出版社,2016.11
ISBN 978-7-5612-5142-3

Ⅰ. ①采… Ⅱ. ①王… Ⅲ. ①石油开采—高等职业教育—教材 Ⅳ. ①TE35

中国版本图书馆 CIP 数据核字(2016)第 271519 号

策划编辑:杨 军
责任编辑:高 原

出版发行: 西北工业大学出版社
通信地址: 西安市友谊西路 127 号 邮编:710072
电 话: (029)88493844 88491757
网 址: www.nwpup.com
印 刷 者: 兴平市博闻印务有限公司
开 本: 787 mm×1 092 mm 1/16
印 张: 9
字 数: 211 千字
版 次: 2016 年 11 月第 1 版 2016 年 11 月第 1 次印刷
定 价: 24.00 元

延安职业技术学院

油气开采技术专业实训指导书编委会及本书编写成员

前　言

本教材是根据延安职业技术学院省级示范建设成果，以石油工程实训中心为实训条件，结合现场教学进行编写的。教材编写目标如下：

（1）依据高职高专人才培养目标，通过仿真实训培养采油现场一线需要的高素质技术技能型人才。

（2）依据实训教学要求，培养学生实际操作能力。

本教材可作为高职高专院校油气开采技术专业、油田化学应用技术专业及开设采油工程课程的相关专业学生的校内实训教材，也可作为相关人员培训、考核及职业技能鉴定的参考用书。

本教材从一线生产实际出发，按照采油生产工艺和岗位群的要求编写，主要项目为采油流程仿真操作、采气流程仿真操作、井下作业仿真、压裂酸化仿真、采油工具模型拆装实训和垂直管流实训等。

本教材由延安职业技术学院王岩担任主编，燕伟、罗红芳担任副主编，延安职业技术学院教务处处长许彦政担任主审。项目一由王岩、屈元茹编写，项目二由宋文、程俊编写，项目三由罗红芳、唐小刚编写，项目四由燕伟、云彦舒编写，项目五由王岩、燕伟编写，项目六由罗红芳编写。

在编写过程中得到了延长石油研究院延安分院、延长油田勘探开发技术研究中心党委书记、高级工程师、陕西省石油学会理事郝世彦，延长石油井下工艺室高级工程师张守江，延长石油研究院采油工艺研究所工艺副所长、高级工程师杨永超等具有丰富现场实践经验的专家的大力支持，在此表示由衷的感谢！

由于水平有限，如有错误和不妥之处，敬请批评指正！

编　者

2016 年 1 月

目　录

项目一 采油工艺仿真实训

任务一 采油仿真系统简介

一、实训目的

(1)认识采油仿真系统的界面及操作。

(2)熟悉仿真系统各流程组成及要求。

二、实训设备及任务

(1)采油仿真系统。

(2)熟练掌握采油工艺流程。

三、实训内容

采油仿真系统的流程源于真实现场流程,包含计量站与注水站两大部分。采油仿真系统流程如图 1-1 所示。

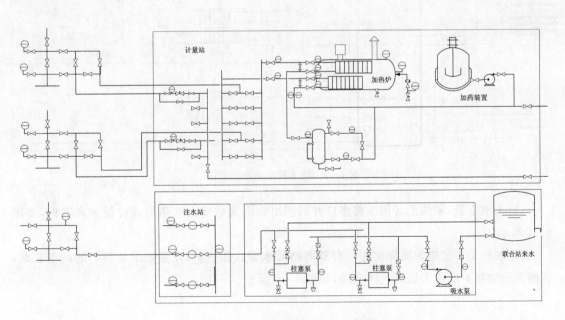

图 1-1　采油仿真系统流程示意图

1.计量站

计量站使用双井生产掺水流程,该流程包含以下 6 个部分:

(1)井口:井口部分包含两套油井井口,上方的是 1 号井口,采用抽油机生产,下方的是 2 号井口,采用电泵井进行生产,如图 1-2 所示。

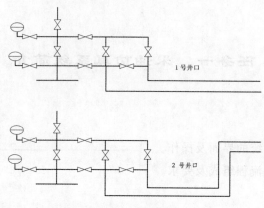

图 1-2 1 号和 2 号井口系统

(2)掺水阀组:流程图上有两组掺水阀组,分别为两套井口装置输送联合站来的热水,每组掺水阀组包含 4 个阀门,分别是掺水上游阀门、掺水调节阀门、掺水下游阀门和掺水旁通阀门,如图 1-3 所示。

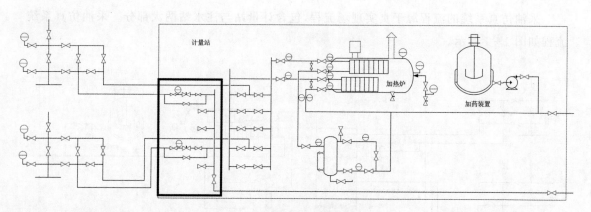

图 1-3 掺水阀组流程示意图

(3)来油汇管:来油汇管用于将多口井的产出物汇聚后导入加热炉或计量分离器内,如图 1-4 所示。

(4)加热炉:加热炉流程使用一台双通路的水套式加热炉,左侧表示加热炉的两条通路,右侧表示加热炉的输入燃烧气体通路,如图 1-5 所示。

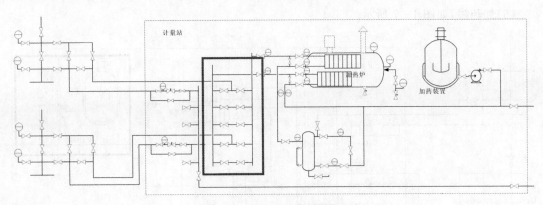

图1-4 来油汇管流程示意图

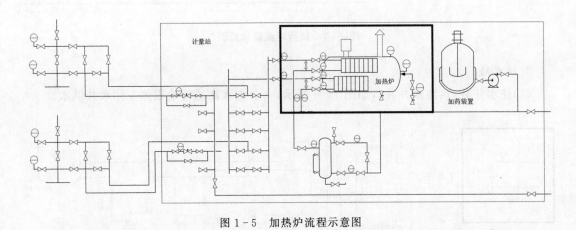

图1-5 加热炉流程示意图

(5)计量分离器:计量分离器用于把油井产出物分离为气体和液体两部分,并分别进行计量,计量后混输至下一站,如图1-6所示。

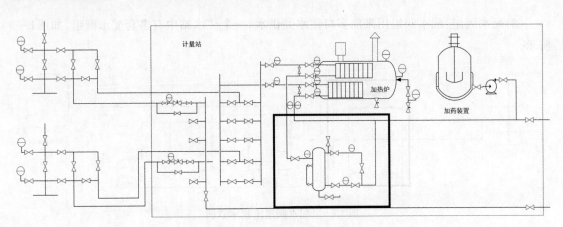

图1-6 计量分离器流程示意图

（6）加药罐，如图1-7所示。

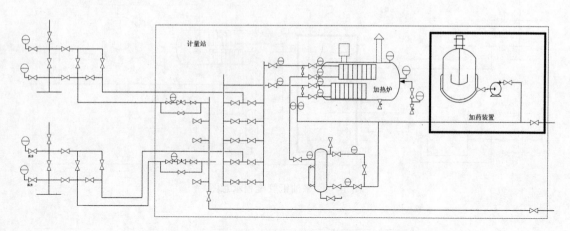

图1-7 加药罐流程示意图

2.注水站

（1）注水井井口：注水井井口如图1-8所示，一个注水站通常给很多个注水井供水。

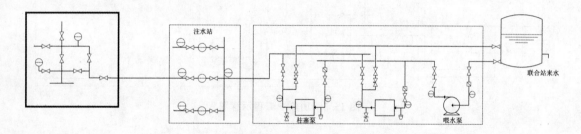

图1-8 注水井井口流程示意图

（2）配水阀组：配水阀组用来向多口注水井供水，一个注水站中有多套配水阀组，如图1-9所示。

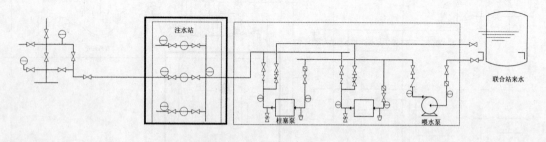

图1-9 配水阀组流程示意图

（3）泵站：泵站由两台柱塞泵和一台喂水泵（离心泵）组成，两台柱塞泵并联使用，如图1-10所示。

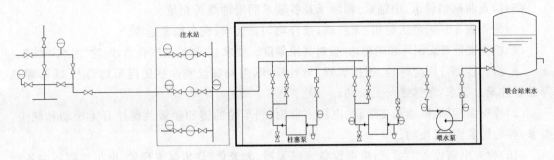

图 1-10　泵站流程示意图

四、思考题

分析计量站和注水站的组成及功能。

任务二　抽油机井开关井

一、实训目的

(1)了解和掌握抽油机的启动操作步骤和技术要求。
(2)掌握抽油机开关井流程的操作步骤。
(3)熟悉开关井阀门的状态。

二、实训设备及任务

(1)采油仿真系统。
(2)熟练掌握抽油机开关井操作流程。

三、实训内容

抽油机井开井操作步骤:打开生产二次阀门、打开井口掺水阀门、打开生产一次阀门、缓慢打开测试套管阀门、松开抽油机刹车。抽油机井关井操作步骤:关闭抽油机电源、拉下刹车、关闭井口生产一次阀门、关闭井口掺水阀。

四、实训要求

(1)由此次操作的负责人根据操作的具体内容,对此项操作进行 HSE 风险评估,并制定和实施相应的风险削减措施。
(2)检查流程各闸门。要求:开关正确,回、套压表量程合适,出油管线畅通。
(3)检查毛辫子。要求:两边吃力均匀,无毛刺,无断股,悬绳器两盘水平,活门螺丝齐全,方卡子安装紧固牢靠,光杆光滑无毛刺、无弯曲,盘根盒松紧合适、填料充足,胶皮闸门灵活好用。
(4)检查变速箱内机油量,应保持在两小丝堵中间。

（5）检查曲柄销轴承、中轴承、尾轴承及各轴承润滑油是否充足。

（6）检查刹车是否灵活好用、无自锁,张合均匀。要求:刹车松紧适度。

（7）检查皮带有无损坏和老化,并校对其松紧度。要求:皮带松紧度合适,两轮"四点一线"。

（8）检查各部件固定螺栓、连接螺丝、悬挂螺丝、差动螺丝和曲柄销冕形螺母及 U 形螺丝等是否拧紧。要求:各部螺丝无松动。

（9）检查曲柄轴、减速箱皮带轮、电机皮带轮、刹车轮的键和盖板及螺丝有无松动和缺少。要求:各轮键紧固、无松动。

（10）检查电器设备。要求:电器设备完好无损,无老化、烧焦爆皮现象;电机控制箱内各旋钮选择位置正确;保险丝合格;交流接触器零部件齐全完好,灵活好用。

（11）检查抽油机周围。要求:抽油机周围无障碍物。

（12）操作完毕后,收回工具。

五、操作步骤

1. 抽油机开井步骤

（1）打开生产二次阀门,打开油管至计量站流体流动通道(二阀门之一,生产一次阀门、生产二次阀门),如图 1-11 所示。

（2）打开井口掺水阀门,向油管里掺水,降低管道内流体的黏度,提高管道内流体流速,如图 1-12 所示。

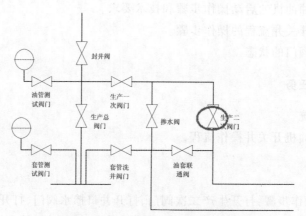

图 1-11　生产二次阀门示意图

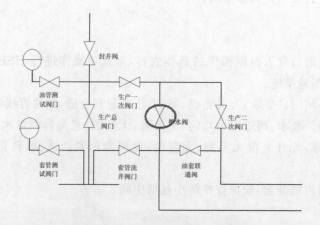

图 1-12　井口掺水阀门示意图

（3）打开生产一次阀门，打开油管至计量站流体流动通道（二阀门之一，生产一次阀门、生产二次阀门），如图1-13所示。

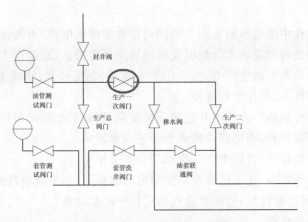

图1-13　生产一次阀门示意图

（4）缓慢打开套管测试阀门，测量套管压力，如图1-14所示，待套压表指针起压后就可以了，如果套压不正常，关井，立即上报。

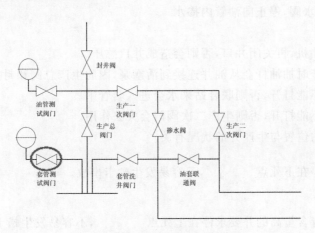

图1-14　套管测试阀门示意图

（5）松开抽油机刹车，按抽油机启动按钮，启动抽油机，抽油机在长期未使用时，需要启动两次才能正常投入工作。第一次启动时将抽油机曲柄甩到90°位置，切断抽油机电源，等抽油机摆回-90°位置后，重新开启抽油机电源，即可完成启动。

1）松开刹车，按启动按钮。

2）待曲柄摆到此位置，曲柄的摆动速度明显降低，抽油机电流显著增大，超过120 A，说明电机已经带不动负荷，此时按停止按钮，切断电源。

3)待曲柄摆到此位置 并向回摆时,按启动按钮,则可顺利启动抽油机。

(6)注意事项。

1)抽油机启动过程中绝对不能在刹车的同时接通抽油机电源,否则会损坏电机。

2)抽油机的启动次数和现场实际情况及抽油机型号有关系,通常在1~3次之间。

3)抽油机生产是最常见的生产方式,适用于大负荷、黏度较高、小流量的井。抽油机结构简单、制造容易、可靠性高、操作维护方便。

4)抽油机井生产时抽油杆会从油井连接到活塞泵,因此生产总阀和封井阀不能关闭。

5)套管洗井阀不能打开,否则联合站来水会进入套管中。

6)油套连通阀不能打开,否则生产二次阀门会失去作用。

7)如果开井时套压过高,在了解该井地质情况的前提下,如果能够判断套压过高是由套管气引起的,可以考虑释放套管气,释放套管气的过程中严禁动火。

2. 抽油机关井操作步骤

(1)切断抽油机电源,拉下刹车,将抽油机停在上止点位置上,由于有惯性,所以需要提前拉下刹车。

(2)关闭井口生产一次阀门,关闭油管内流体流动通道。

(3)关闭井口掺水阀,停止向油管内掺水。

(4)注意事项。

1)应该先停抽油机,再关闭井口,否则会造成井口憋压。

2)抽油机井生产时抽油杆会从油井连接到活塞泵,因此生产总阀和封井阀不能关闭。

3)套管洗井阀不能打开,否则联合站来水会进入套管中。

4)油套连通阀不能打开,否则生产二次阀门会失去作用。

5)抽油机所停的位置与生产井的状况有关。

6)出砂井要求停在下死点 ,不容易发生砂卡事故。

7)出蜡井或沥青含量高的井要求停在上死点 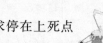,不容易发生蜡卡事故。

8)不出砂不结蜡的井最好停在如下位置 ,方便启动抽油机。

9)不能停在如下两种位置 ,此时刹车受力非常大,一旦刹车失灵,曲柄会快速下落,容易造成事故。

10)不能停在以下位置 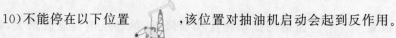,该位置对抽油机启动会起到反作用。

六、思考题

1. 为什么要进行抽油机井的开井和关井?

2.抽油机井开关井的具体操作步骤是什么？如何在采油仿真系统中实现？

任务三 电动潜油泵井开关井

一、实训目的

(1)了解和掌握电动潜油泵井启动操作步骤和技术要求。

(2)了解和掌握电动潜油泵井开关井流程的操作步骤。

(3)熟悉电动潜油泵井开关井阀门的状态。

二、实训设备及任务

(1)采油仿真系统。

(2)熟练掌握电动潜油泵井开关井操作流程。

三、实训内容

电动潜油泵井开井操作步骤:开井口生产总阀门、开生产一次阀门、开生产二次阀门、缓慢打开套管测试阀门、按下启动电动潜油泵按钮。电动潜油泵井关井操作步骤:按下电动潜油泵停止按钮、关闭井口生产一次阀门、关闭井口掺水阀。

四、实训要求

1.电动潜油泵井启泵操作

(1)由此次操作的负责人根据操作的具体内容,对此项操作进行 HSE 风险评估,并制定和实施相应的风险削减措施。

(2)检查井口油嘴、仪表是否齐全合格。倒流程,将井内灌满液体,关闭井口生产阀门。

(3)装好电流卡片,合上控制屏隔离开关,将控制屏的选择开关放在手动位置。

(4)按控制屏启动按钮开机,运转指示灯亮(绿色)。

(5)观察油压表,待压力上升到 5 MPa 时再缓慢打开生产阀门。若压力表指针波动,可打开取样阀门放掉井内气体。

(6)检查油压、温度、声音是否正常。

(7)检查电流表,电流应正常(额定工作电流±20%);电流卡片记录仪运转良好。

(8)录取油压、套压、回压、电流、电压值及油嘴孔径,并填入班报表。

2.电动潜油泵井停泵操作

(1)由此次操作的负责人根据操作的具体内容,对此项操作进行 HSE 风险评估,并制定和实施相应的风险削减措施。

(2)按停止按钮。

(3)将控制屏隔离开关拉开。

(4)按工作需要倒好油井流程。

(5)记录关井前的油压、套压和回压,取回电流卡片。

五、仿真操作步骤

1.开井操作

(1)开井口生产总阀门（导通油管至计量站管线），如图1-15所示。

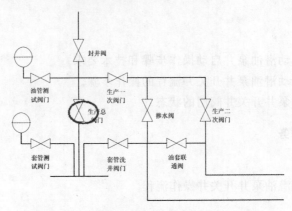

图1-15　电动潜油泵井口生产总阀门示意图

(2)开生产一次阀门（导通油管至计量站管线），如图1-16所示。

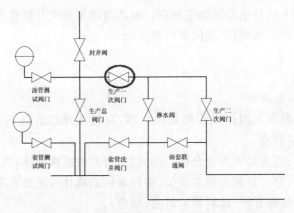

图1-16　电动潜油泵生产一次阀门示意图

(3)开生产二次阀门（导通油管至计量站管线），至此，油管至计量站管线已经导通，如图1-17所示。

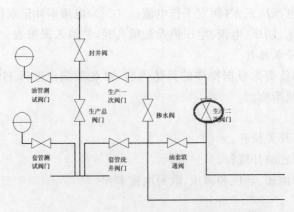

图1-17　电动潜油泵生产二次阀门示意图

(4)缓慢打开套管测试阀门,如图1-18所示。测量套管压力,待套压表指针起压后即可,如果套压不正常,关井,立即上报。

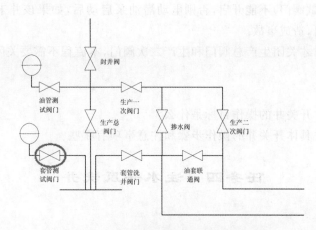

图1-18　电动潜油泵套管测试阀门示意图

(5)按下启动电动潜油泵按钮,启动电动潜油泵,可以看到2号井的油管压力逐渐上升,流体流速越来越快,最终2号井油管压力稳定在3.0 MPa左右。

(6)注意事项。

1)电动潜油泵井适合于黏度低、产量大、出砂少、深度低的高产井,及一些斜度较大的斜井。因此电动潜油泵井生产使用掺水工艺较少。

2)按了电动潜油泵启动按钮以后,需要观察电动潜油泵的电流表是否有读数,如果没有说明未启动成功,需要再次尝试启动。

3)电动潜油泵井使用电动潜油泵将井下产出物抽出,由井上提供电源,根据不同井的设计,开井流程略有不同,如果电缆通过套管进入井内,则关井时可以关闭井口总阀门,如果电缆通过油管进入井内,不能关闭井口总阀门。

4)如果开井时套压过高,在了解该井地质情况的前提下,如果能够判断套压过高是由套管气引起的,可以考虑释放套管气,释放套管气的过程中严禁动火。

2.关井操作步骤

(1)按下电动潜油泵停止按钮,如果电流表数字变为0,则表示停止成功。电动潜油泵关闭后,井内压力将逐渐变小,由于电动潜油泵属于多级离心泵的一种,因此如果油压低于管线的回压,会出现油管内液体倒灌入井内的情况,因此关闭电动潜油泵后,需要快速关闭井口生产一次阀门。

(2)关闭井口生产一次阀门,截断油管至计量站流体通道。

(3)关闭井口掺水阀门,停止向油管内掺水。

(4)注意事项。

1)必须先停电动潜油泵,再关闭井口生产一次阀门,否则会憋压。

2)电动潜油泵井使用电动潜油泵将井下产出物抽出,由井上提供电源,根据不同井的设计,开井流程略有不同。如果电缆通过套管进入井内,则关井时可以关闭井口总阀门,如果电缆通过油管进入井内,不能关闭井口总阀门。

3)套管洗井阀门不能打开,否则联合站来水会进入套管中。

4)油套连通阀门不能打开,否则生产二次阀门会失去作用。

5)封井阀门(测试阀门)不能开启,否则电动潜油泵启动后,如果该井未安装堵头,油井产出物会从封井阀涌出,造成事故。

6)长时间关井时才关闭生产总阀门和生产二次阀门,本流程不需要关闭这两个阀门。

六、思考题

1.电动潜油泵井开关井的操作目标是什么?

2.电动潜油泵井具体开关井的操作步骤和注意事项有哪些?

任务四 注水井反洗井

一、实训目的

(1)了解和掌握注水井反洗井操作步骤和技术要求。

(2)熟悉注水井反洗井阀门的状态。

二、实训设备及任务

(1)采油仿真系统。

(2)熟练掌握注水井反洗井操作流程。

三、实训内容

本实训的主要内容为注水井反洗井,具体操作步骤为开油管放空阀门、开井口注水总阀门、稍微打开一点套压阀门、打开油套连通阀、打开井口来水总阀门。

四、实训要求

(1)新井投注前的洗井,必须先冲洗地面管线。

(2)洗井过程中,最高洗井排量原则上不超过 30 m³/h。

(3)操作要平稳,如果操作不当会造成洗井不通或损坏仪表。

(4)在提排量时,必须等出口水净时再提。

(5)洗井排量由小到大 15~30 m³/h,进、出口水量基本相同,尽量做到微喷不漏。

(6)若为合注井,待正注水量稳定后,就要平稳地打开套管闸门,调到规定的压力为止。

(7)进、出口水质分析必须一致,才为洗井合格,方能转入正常注水。

五、操作步骤

(1)开油管放空阀门,如图 1-19 所示。打开油管污水流出通道,将污水导入污水池塘或污水车内,部分井配有污水管线,可将污水导入站内处理。

(2)开井口注水总阀门,打开油管污水流出通道,如图 1-20 所示。

(3)稍微打开一点套压阀门,如图 1-21 所示,套压表有值即可,测试套管压力。

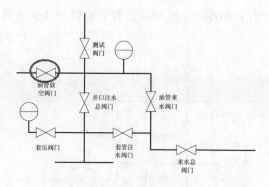

图 1-19 油管放空阀门示意图

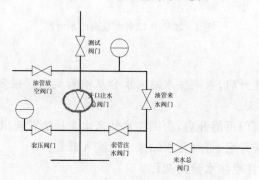

图 1-20 井口注水总阀门示意图

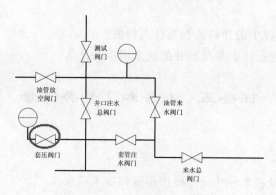

图 1-21 套压阀门示意图

(4)打开油套连通阀门(套管注水阀门),如图 1-22 所示。将注水站来水导入注水井套管内。

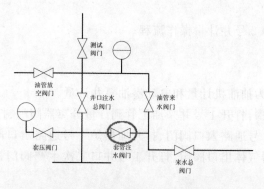

图 1-22 套管注水阀门示意图

(5)打开井口来水总阀门,如图1-23所示。打开套管至注水站通道,给井口供水。

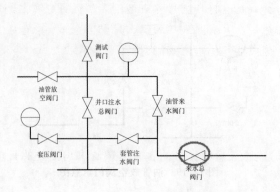

图1-23　井口来水总阀门示意图

(6)注意事项。

1)油管放空阀门不能开启,否则注水站来水会从油管流出。很多简易型井口都没有油管放空阀门,仅配有一个堵头。

2)注水井井口测试阀门不能开启,否则注水站来水会从油管流出。

3)油套连通阀门不能开启,否则注水站来水会流入套管。

4)洗完井以后,需要注意注水量的变化。

六、思考题

1.注水井反洗井过程中的井口流程是什么样的?

2.在仿真模拟中,进行注水井反洗井的注意事项是什么?

任务五　1号和2号井计量

一、实训目的

(1)了解和掌握1号和2号井计量操作步骤和技术要求。

(2)熟悉1号和2号井计量站阀门的状态及操作要点。

二、实训设备及任务

(1)采油仿真系统。

(2)熟练掌握1号和2号井计量操作流程。

三、实训内容

本实训的主要内容为抽油机计量和电动潜油泵井计量。

抽油机计量操作步骤:打开1号井来油汇管到计量分离器阀门、打开来油汇管到计量分离器总阀门、打开加热炉1号通路入口阀门、打开加热炉1号通路出口阀门、打开计量分离器入口阀门、打开计量分离器气体出口阀门、打开1号井口二次生产阀门、打开1号井口一次生产阀门、松开抽油机刹车。

电动潜油泵井计量操作步骤:打开2号井来油汇管到计量分离器阀门、打开来油汇管到计量分离器总阀门、打开加热炉1号通路入口阀门、打开加热炉1号通路出口阀门、打开计量分离器入口阀门、打开计量分离器气体出口阀门、打开2号井口二次生产阀门、打开2号井口一次生产阀门、打开2号井总阀门。

四、实训原理

1.计量的概念

对油井的产油量按时进行计量叫作量油。通过量油求出油井的日产油量,这是油井管理的一项重要工作。

2.量油的方法

量油的方法很多,一般有低压量油和高压量油两种。

低压量油亦称放空量油,就是把原油流入油池或油罐内,用标尺或浮标测量液面高度,然后计算原油体积或质量,再换算成日产油量。

高压量油亦称密闭量油,就是在密封的分离器中计量。这种方法可避免轻质油挥发,又有利于高黏度的油气混输,因此是矿场最常用的量油方法。

3.量油的特点

(1)抽样计量方式:由于油井产液具有波动性,因此从理论上讲计量结果是绝对不准的。

(2)量油的目的不是用于贸易计量交接,而是用于油藏工程分析。

(3)主要关注的不是绝对精度,而是日产量和含水率的变化趋势。

五、操作步骤

1.1号井计量操作步骤

(1)打开1号井来油汇管到计量分离器阀门(将1号油井产出物导入计量分离器),如图1-24所示。

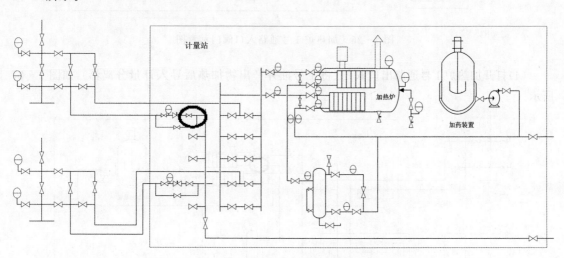

图1-24　1号井来油汇管到计量分离器阀门示意图

（2）打开来油汇管到计量分离器总阀门（将1号油井产出物导入计量分离器），如图1-25所示。

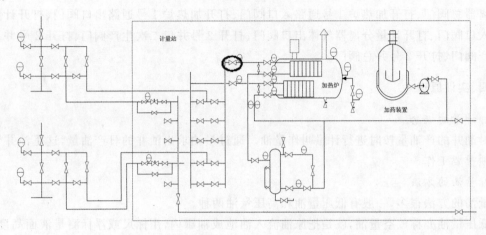

图1-25　来油汇管到计量分离器总阀门示意图

（3）打开加热炉1号通路入口阀门（将1号油井产出物加热后导入计量分离器），如图1-26所示。

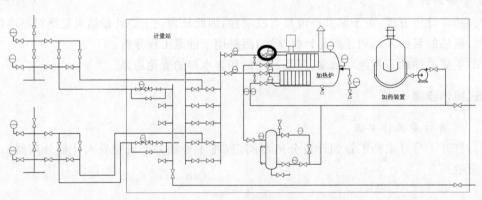

图1-26　加热炉1号通路入口阀门示意图

（4）打开加热炉1号通路出口阀门（将1号油井产出物加热后导入计量分离器），如图1-27所示。

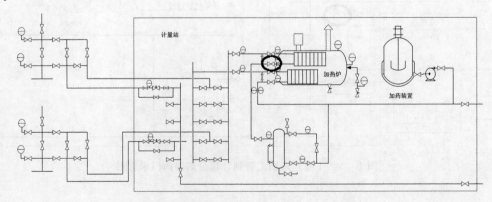

　　图1-27　加热炉1号通路出口阀门示意图

(5)打开计量分离器入口阀门,如图1-28所示。

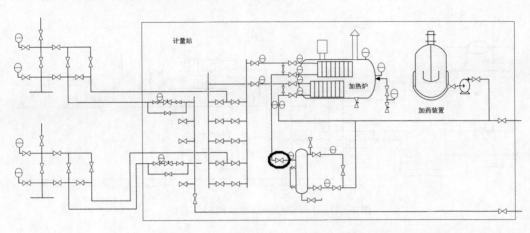

图1-28 计量分离器入口阀门示意图

(6)打开计量分离器气体出口阀门,如图1-29所示。计量分离器气路管线上有自动计量装置。必须打开气体出口,否则整个计量分离器会憋压,导致油井产出物不能进入计量分离器。至此,整个计量站内计量流程打通。

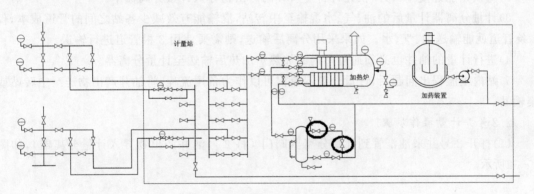

图1-29 计量分离器气体出口阀门示意图

(7)打开1号井口二次生产阀门(打通井口流程),如图1-30所示。

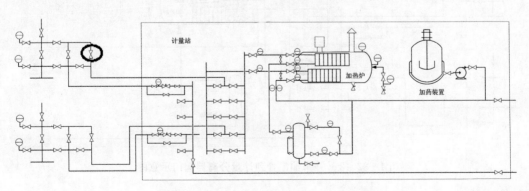

图1-30 1号井口二次生产阀门示意图

(8)打开 1 号井口一次生产阀门(打通井口流程),如图 1-31 所示。

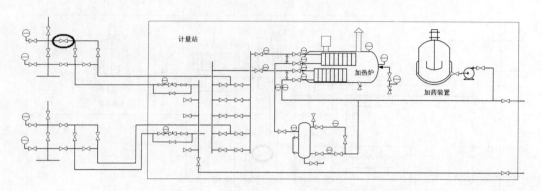

图 1-31　1 号井口一次生产阀门示意图

(9)松开抽油机刹车,按抽油机启动按钮,启动抽油机 ,如果是正在生产的油井,则没有该步。

(10)注意事项。

1)1 号井计量时不能掺水,否则计量不准确。

2)每次只能计量 1 口井,仅允许将 1 口井的产出物导入计量分离器中。

3)计量分离器计量后的油、气、水混输至中转站,混输能有效减少各站之间的管道成本,仅 1 条管道就能输送油、气、水。如果采用分离后输送,则需要使用 3 根管道进行输送。

4)进行计量的油井也必须通过站内的加热炉加热后输送至计量分离器。

5)站内主流程出问题后,计量分离器流程可以作为备用流程,将油井产出物送至中转站或集输站。

2.2 号井计量操作步骤

(1)打开 2 号井来油汇管到计量分离器阀门(将 2 号油井产出物导入计量分离器),如图 1-32所示。

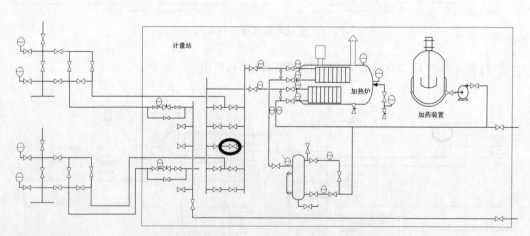

图 1-32　2 号井来油汇管到计量分离器阀门示意图

(2)打开 2 号井来油汇管到计量分离器总阀门(将 2 号油井产出物导入计量分离器),如图

1-33 所示。

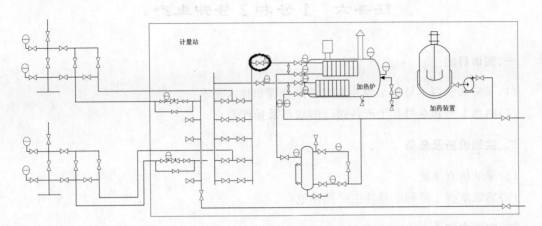

图 1-33　2 号井来油汇管到计量分离器总阀门示意图

　　(3)打开加热炉 1 号通路入口阀门(将 2 号油井产出物加热后再导入计量分离器),参考图 1-26。

　　(4)打开加热炉 1 号通路出口阀门(将 2 号油井产出物加热后再导入计量分离器),参考图 1-27。

　　(5)打开计量分离器入口阀门,参考图 1-28。

　　(6)打开计量分离器气体出口阀门,计量分离器气路管线上有自动计量装置。必须打开气体出口,否则整个计量分离器会憋压,导致油井产出物不能进入计量分离器。至此,整个计量站内计量流程打通,参考图 1-29。

　　(7)打开 2 号井口二次生产阀门(打通井口流程)。

　　(8)打开 2 号井口一次生产阀门(打通井口流程)。

　　(9)打开 2 号井总阀门(打通井口流程)。

　　(10)按下启动电动潜油泵按钮,启动电动潜油泵,可以看到 2 号井的油管压力逐渐上升,流体流速越来越快,最终 2 号井油管压力稳定在 3.0 MPa 左右 。如果是正在生产的油井,则没有该步。

　　(11)注意事项。

　　1)2 号井计量时不能掺水。

　　2)每次只能计量 1 口井,仅允许将 1 口井的产出物导入计量分离器中。

　　3)计量分离器计量后的油、气、水混输至中转站,混输能有效减少各站之间的管道成本,仅 1 条管道就能输送油、气、水。如果采用分离后输送,则需要使用 3 根管道进行输送。

　　4)进行计量的油井也必须通过站内的加热炉加热后输送至计量分离器。

　　5)站内主流程出问题后,计量分离器流程可以作为备用流程,将油井产出物送至中转站或集输站。

　　六、思考题

　　分析 1 号和 2 号井计量的操作步骤及注意事项。

任务六 1号和2号井生产

一、实训目的

(1)了解和掌握1号和2号井生产操作步骤和技术要求。

(2)熟悉1号和2号井生产各阀门的状态及操作要点。

二、实训设备及任务

(1)采油仿真系统。

(2)熟练掌握1号和2号井生产操作流程。

三、实训内容

本实训的主要内容为抽油机生产,具体操作步骤:打开1号井来油汇管到加热炉阀门、打开来油汇管到加热炉总阀门、打开加热炉2号通路入口阀门、打开加热炉2号通路出口阀门、打开1号井掺水阀上游阀门、调节1号井掺水阀针形调节阀门、打开1号井掺水阀下游阀门、打开1号井口二次生产阀门、打开1号井口一次生产阀门、打开1号井总阀门、打开1号井口掺水阀门。

四、操作步骤

1.1号井生产操作步骤

(1)打开1号井来油汇管到加热炉阀门(将1号油井产出物加热后导至中转站,导通站内流程),如图1-34所示。

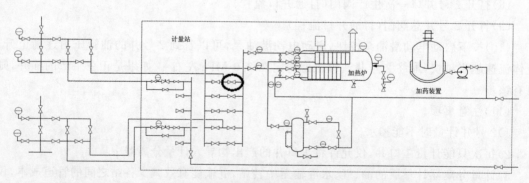

图1-34 1号井来油汇管到加热炉阀门示意图

(2)打开来油汇管到加热炉总阀门(将1号油井产出物加热后导至中转站,导通站内流程),如图1-35所示。

(3)打开加热炉2号通路入口阀门(将1号油井产出物加热后导至中转站,导通站内流程),如图1-36所示。

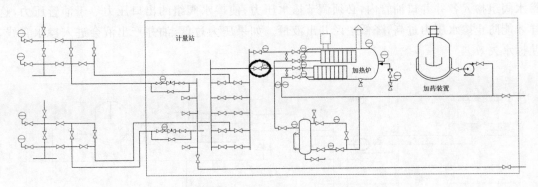

图 1-35 来油汇管到加热炉总阀门示意图

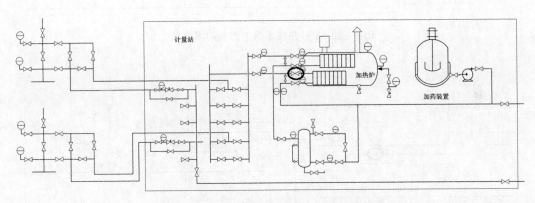

图 1-36 加热炉 2 号通路入口阀门示意图

(4)打开加热炉 2 号通路出口阀门(将 1 号油井产出物加热后导至中转站,导通站内流程),如图 1-37 所示。

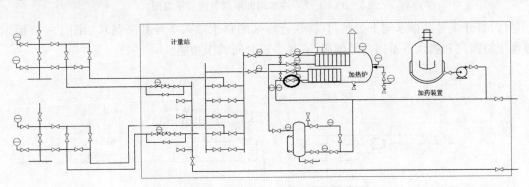

图 1-37 加热炉 2 号通路出口阀门示意图

(5)打开 1 号井掺水阀上游阀门(将联合站来的热水掺入 1 号井降黏,打开 1 号井配水阀组阀门),如图 1-38 所示。

(6)调节 1 号井掺水阀针形调节阀门,如图 1-39 所示,使掺水能顺利进入 1 号井油管内(将联合站来的热水掺入 1 号井降黏)。联合站来水压力较大,高于各井的最大油管压力,经过掺水阀组掺入各井井口油管内,必须调节掺水压力,使掺水阀组的出口压力等于油管压力,这样才能防止掺水压力过高,降低生产井出液量。如果压力过低,油井产出液会进入掺水管线,使掺水失效。

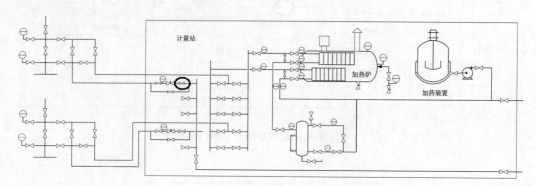

图 1-38　1 号井掺水阀上游阀门示意图

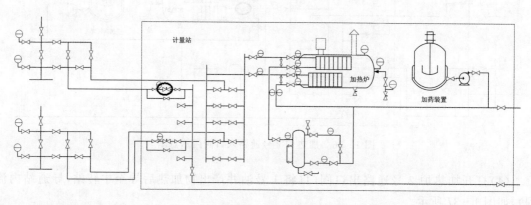

图 1-39　1 号井掺水阀针形调节阀门示意图

(7)打开 1 号井掺水阀下游阀门(将联合站来的热水掺入 1 号井降黏),如图 1-40 所示。掺水上游阀门和掺水下游阀门是闸阀,不具备长时间调压功能。

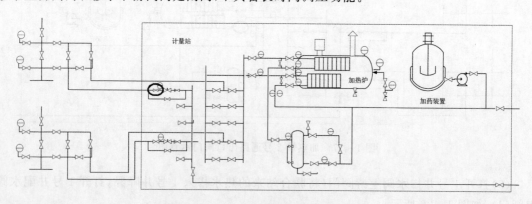

图 1-40　1 号井掺水阀下游阀门示意图

(8)打开 1 号井口二次生产阀门(打通井口流程),如图 1-41 所示。

(9)打开 1 号井口一次生产阀门(打通井口流程),如图 1-42 所示。

(10)打开 1 号井总阀门(打通井口流程),如图 1-43 所示,至此井口流程已经打通。

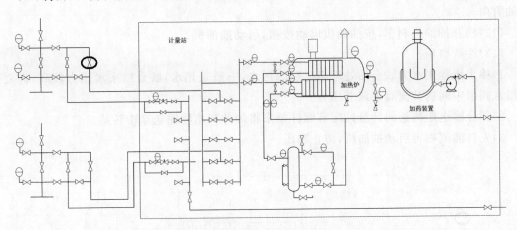

图 1-41 1 号井口二次生产阀门示意图

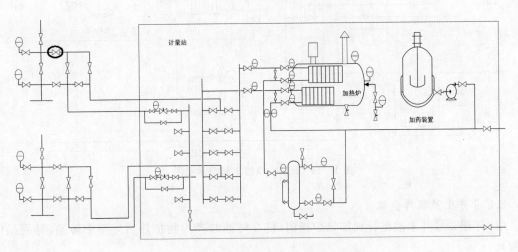

图 1-42 1 号井口一次生产阀门示意图

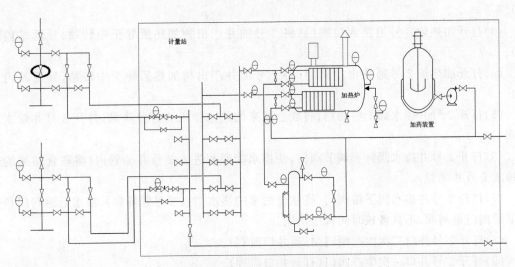

图 1-43 1 号井总阀门示意图

（11）打开 1 号井口掺水阀门，如图 1-44 所示。将经过掺水阀组降压后的热水掺入 1 号井油管内。

（12）松开抽油机刹车，按抽油机启动按钮，启动抽油机。

（13）注意事项。

1）掺水流程来水为联合站处理净化后的污水，一般是热水，联合站来水压力较高，需要通过掺水阀组中间的节流阀来调节压力。

2）部分输送距离远的计量站配有螺杆泵来将油井产出物输送至中转站。

3）先打通流程再启动抽油机，防止憋压。

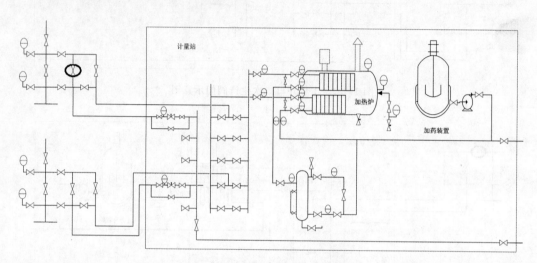

图 1-44　1 号井口掺水阀门示意图

2.2 号井生产操作步骤

（1）打开 2 号井来油汇管到加热炉阀门（将 2 号油井产出物加热后导至中转站，导通站内流程）。

（2）打开来油汇管到加热炉总阀门（将 2 号油井产出物加热后导至中转站，导通站内流程）。

（3）打开加热炉 2 号通路入口阀门（将 2 号油井产出物加热后导至中转站，导通站内流程）。

（4）打开加热炉 2 号通路出口阀门（将 1 号油井产出物加热后导至中转站，导通站内流程）。

（5）打开 2 号井掺水阀上游阀门（将联合站来的热水掺入 2 号井降黏，打开 2 号井配水阀组阀门）。

（6）打开 2 号井掺水阀针形调节阀门，使掺水能顺利进入 2 号井油管内（将联合站来的热水掺入 2 号井降黏）。

（7）打开 2 号井掺水阀下游阀门（将联合站来的热水掺入 2 号井降黏），掺水上游阀门和掺水下游阀门是闸阀，不具备长时间调压功能。

（8）打开 2 号井口二次生产阀门（打通井口流程）。

（9）打开 2 号井口一次生产阀门（打通井口流程）。

（10）打开 2 号总阀门（打通井口流程）。

（11）打开 2 号井口掺水阀门，将经过掺水阀组降压后的热水掺入 2 号井油管内。

（12）按下启动电动潜油泵按钮，启动电动潜油泵，可以看到 2 号井的油管压力逐渐上升，流体流速越来越快，最终 2 号井油管压力稳定在 3.0 MPa 左右。

（13）注意事项。

1）掺水流程来水为联合站处理净化后的污水，一般是热水，联合站来水压力较高，需要通过掺水阀组中间的节流阀来调节压力。

2）部分较远的计量站配有螺杆泵来将油井产出物输送至中转站。

3）先打通流程再启动电动潜油泵，防止憋压。

六、思考题

分析 1 号和 2 号井生产操作流程。

任务七　泵　站　流　程

一、实训目的

（1）了解和掌握泵站内注水泵的操作步骤和技术要求。

（2）熟悉泵站内设备和阀门的状态及操作要点。

二、实训设备及任务

（1）采油仿真系统。

（2）熟练掌握泵站操作流程。

三、实训内容

本实训的主要内容为操作泵站注水泵，具体操作步骤：打开喂水泵入口阀门、打开喂水泵出口阀门、打开 1 号柱塞泵入口阀门、打开 1 号柱塞泵出口阀门、调节 1 号柱塞泵回流针形阀门、打开 1 号柱塞泵回流控制阀门、启动喂水泵、启动 1 号柱塞泵。

四、实训要求

1. 柱塞泵操作规程

（1）检查曲轴箱机油液面是否在油面开关刻度线的 2/3 处。

（2）检查柱塞箱各部件是否紧固。

（3）先启动提升泵，其压力保持在 0.03 MPa 以上，再打开泵进口闸门。

（4）检查各保护装置是否灵活、好用。

（5）人工盘车必须在 5 圈以上，无卡碰现象。

（6）电压必须在（380±380×5%）V 之间，过高或过低都不能启动运转。

（7）检查全部螺丝是否紧固，检查流程是否满足气泵要求，如各种检查完毕，即可启泵。

2. 离心泵操作规程

(1)关闭出口阀门。

(2)启动电机。

(3)检查泵有无异响、振动,轴承温度、出口压力、电流是否正常。

(4)缓慢打开出口阀门,直到所需要的位置。

(5)观察电流表,电流不得超过电机铭牌上的额定电流。

(6)检查轴封泄漏情况。

五、操作步骤

(1)打开喂水泵入口阀门(导通喂水泵/离心泵通路),如图 1-45 所示。

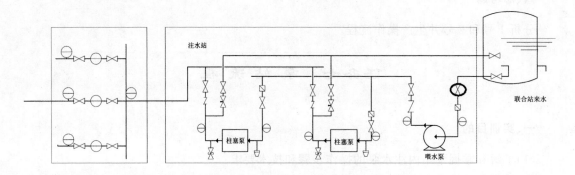

图 1-45　喂水泵入口阀门示意图

(2)打开喂水泵出口阀门(导通喂水泵/离心泵通路),如图 1-46 所示。

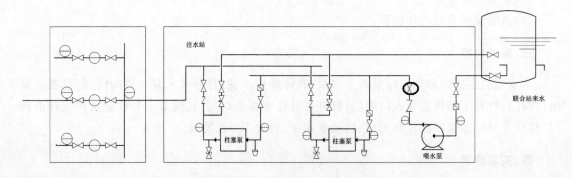

图 1-46　喂水泵出口阀门示意图

(3)打开 1 号柱塞泵入口阀门(导通柱塞泵通路),如图 1-47 所示。

(4)打开 1 号柱塞泵出口阀门(导通柱塞泵通路),如图 1-48 所示。

(5)调节 1 号柱塞泵回流针形阀门,如图 1-49 所示。阀门开度约为 5%,使柱塞泵出口憋压压力最大值为 4.5 MPa。此处为程序设定值,实际情况需要根据生产现场数据制定。

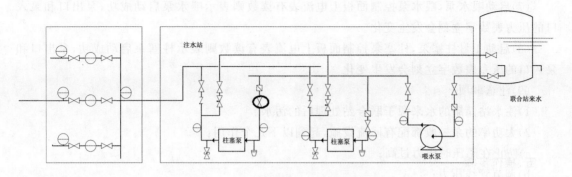

图 1-47　1 号柱塞泵入口阀门示意图

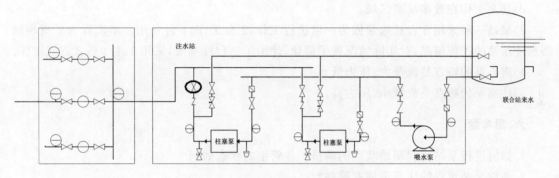

图 1-48　1 号柱塞泵出口阀门示意图

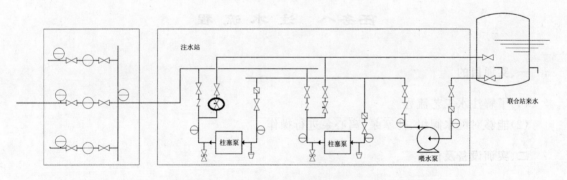

图 1-49　1 号柱塞泵回流针形阀门示意图

(6)打开 1 号柱塞泵回流控制阀门,如图 1-50 所示,使回流针形阀门起作用。

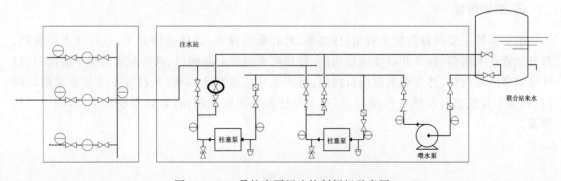

图 1-50　1 号柱塞泵回流控制阀门示意图

（7）启动喂水泵，喂水泵控制面板上电流表有读数则表示喂水泵启动成功，泵出口和泵入口的压力表数字立刻会发生变化。

（8）启动 1 号柱塞泵，柱塞泵控制面板上电流表有读数则表示柱塞泵启动成功，泵出口和泵入口的压力表数字立刻会发生变化。

（9）注意事项。

1）注水站储罐的水来源于联合站处理后的污水。

2）大功率的泵一般都配有回流设施，起到以下几个作用：

a）防止在憋压时压力过高；

b）调节管线压力；

c）调节管线流量；

d）使泵工作在效率最高区域。

3）泵站一般采用 3 台柱塞泵做为一组进行工作，2 台工作，1 台备用。本流程为了清晰地展示注水站的工作情况，对实际情况做了简化，使用了 2 台柱塞泵，采用 1 主 1 备式方式工作。

4）离心泵的特点是流量大、压力低。

5）柱塞泵的特点是流量小、压力高。

六、思考题

1. 如何进行泵站流程初始状态的调整？各管汇的状态如何？
2. 调整泵站流程的注意事项有哪些？

任 务 八　注 水 流 程

一、实训目的

（1）了解注水工艺流程。

（2）能够对配水阀组、柱塞泵、离心泵进行操作。

二、实训设备及任务

（1）采油仿真系统。

（2）熟练掌握注水操作流程。

三、实训内容

本实训的主要内容为配水阀组、柱塞泵、离心泵的操作，具体步骤如下：打开注水总阀门、打开油管注水阀门、打开井口注水总阀门、打开配水阀组上游阀门、调节配水阀组下游阀门、打开喂水泵入口阀门、打开喂水泵出口阀门、打开 1 号柱塞泵入口阀门、打开 1 号柱塞泵出口阀门、调节 1 号柱塞泵回流针形阀门、打开 1 号柱塞泵回流控制阀门、启动喂水泵、启动 1 号柱塞泵。

四、实训原理

1.注水的概念

注水是通过注水井向油层注水补充能量,保持地层压力,它是目前提高采油速度和采收率方面应用的最广泛的一项技术措施。

2.注水的主要内容

注水主要包括水质、水处理措施、分层注水工艺、聚合物注入工艺等。

3.分层注水原理

将所射开的各层按油层性质、含油饱和度、压力等相近,层与层相邻的原则,按开发方案要求划分几个注水层段,通常与采油井开采层段对应,采用一定的井下工艺措施,进行分层注水,以达到保持地层压力提高油井产量的目的。常规分层注水各层之间应具有相对稳定的隔层,隔层厚度一般要求在 2 m 左右。细分层注水的隔层厚度一般可控制在 1.2 m 以上。

4.分层注水工艺

分层注水工艺主要包括分层注水工具、管柱、配水技术、测试技术和增注技术。分层注水是通过分层注水管柱来实现的。分层注水管柱一般分两类:同心式注水管柱和偏心式注水管柱。

五、操作步骤

(1)打开注水总阀门(导通井口正注流程),如图 1-51 所示。

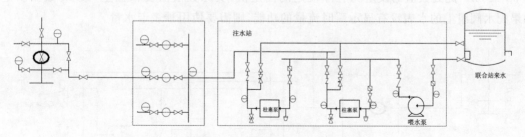

图 1-51 注水总阀门示意图

(2)打开油管注水阀门(导通井口正注流程),如图 1-52 所示。

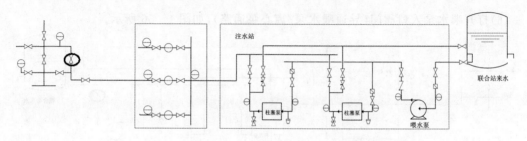

图 1-52 油管注水阀门示意图

(3)打开井口注水总阀门(导通井口正注流程),如图 1-53 所示。

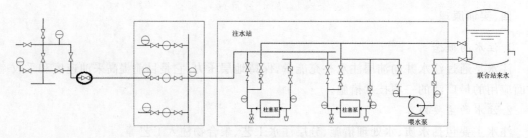

图 1-53 井口注水总阀门示意图

(4)打开配水阀组上游阀门(导通注水井配水阀组流程),如图 1-54 所示。

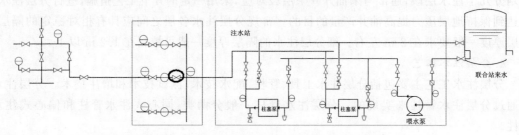

图 1-54 配水阀组上游阀门示意图

(5)调节配水阀组下游阀门,阀门开度如图 1-55 所示。井降黏约为 50%,使瞬时流量约为 38 m^3/h。此处数值的设定为程序规定的固定值,实际数值需要根据生产现场数据制定。如果配水阀组上的水表没有显示瞬时流量的功能,则需要使用秒表卡水量。

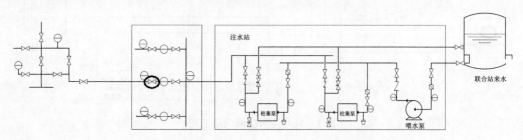

图 1-55 配水阀组下游阀门示意图

(6)打开喂水泵入口阀门(导通喂水泵/离心泵通路),如图 1-56 所示。

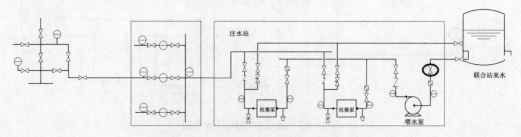

图 1-56 喂水泵入口阀门示意图

（7）打开喂水泵出口阀门（导通喂水泵/离心泵通路），如图 1-57 所示。

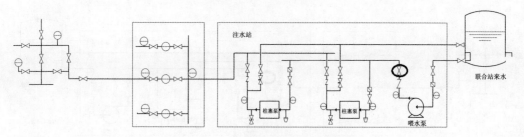

图 1-57　喂水泵出口阀门示意图

（8）打开 1 号柱塞泵入口阀门（导通柱塞泵通路），如图 1-58 所示。

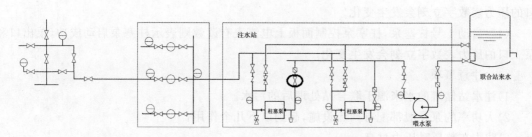

图 1-58　1 号柱塞泵入口阀门示意图

（9）打开 1 号柱塞泵出口阀（导通柱塞泵通路），如图 1-59 所示。

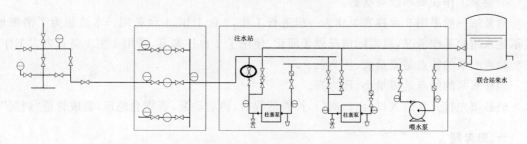

图 1-59　1 号柱塞泵出口阀门示意图

（10）调节 1 号柱塞泵回流针形阀门，如图 1-60 所示。

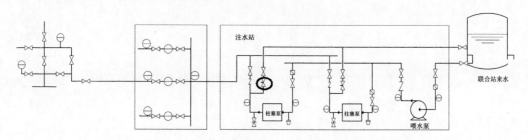

图 1-60　1 号柱塞泵回流针形阀门示意图

（11）打开 1 号柱塞泵回流控制阀门，使回流针形阀门起作用，如图 1-61 所示。

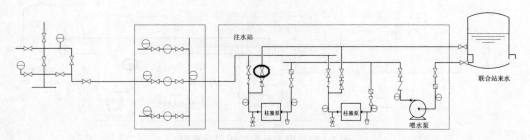

图 1-61　1 号柱塞泵回流控制阀门示意图

（12）启动喂水泵，喂水泵控制面板上电流表有读数则表示喂水泵启动成功，泵出口和泵入口的压力表数字立刻会发生变化。

（13）启动 1 号柱塞泵，柱塞泵控制面板上电流表有读数则表示柱塞泵启动成功，泵出口和泵入口的压力表数字立刻会发生变化。

（14）注意事项。

1）注水站储罐的水来源于联合站处理后的污水。

2）大功率的泵一般都配有回流设施，起到以下几个作用：

a）防止在憋压时压力过高；

b）调节管线压力；

c）调节管线流量；

d）使泵工作在效率最高状态。

3）泵站一般采用 3 台柱塞泵作为一组进行工作，2 台工作，1 台备用。本流程为了清晰地展示注水站的工作情况，对实际情况做了简化，使用了 2 台柱塞泵，采用 1 主 1 备式方式工作。

4）离心泵的特点是流量大、压力低。

5）柱塞泵的特点是流量小、压力高。

6）必须先打开泵的入口、出口阀门，检查流程后，再启动泵，否则会憋压，造成管道"刺漏"。

六、思考题

分析注水站的组成及功能。

项目二　采气工艺仿真实训

任务一　采气仿真系统简介

一、实训目的

(1)认识采气仿真系统的界面及操作。
(2)熟悉采气仿真系统各流程组成及要求。

二、实训设备及任务

(1)采气仿真系统。
(2)熟练掌握采气工艺操作流程。

三、实训内容

采气仿真系统的流程源于真实现场流程,由井口、集气站两大部分组成,如图2-1所示。

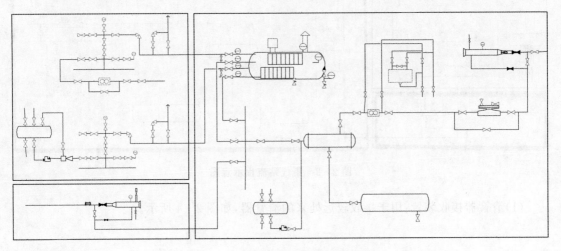

图2-1　采气仿真系统流程示意图

1.井口
井口部分包含两套采气树,如图2-2所示。第一套气井配备气举附件,可以进行气举排水。第二套气井配有发泡剂注入装置,可以进行泡沫排水。

2.集气站
集气站由图2-3所示的两部分组成,左下是清管器接收装置,用于接收从其他较远井场来的清管器,右侧部分是集气站的主体,包含了加热炉、汇管、消泡剂注入装置、流量计、自力式调压阀、污水管和清管器发送装置。

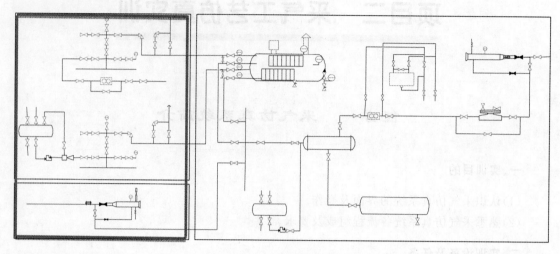

图 2-2　井口流程示意图

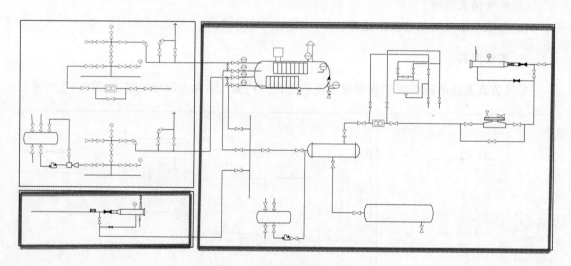

图 2-3　集气站流程示意图

(1)清管器接收装置:用于接收较远处来的清管器,如图 2-4 所示。

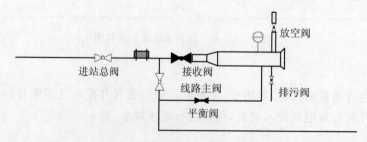

图 2-4　清管器接收装置示意图

（2）加热炉：加热炉使用的是典型的双路水套式加热炉流程，如图 2-5 所示。流程图左侧的是两条气流加热通路，右侧的是天然气燃烧管线。加热炉用于加热降压降温后的天然气。

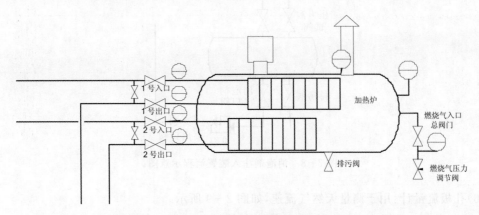

图 2-5 加热炉流程示意图

（3）集气汇管：集气汇管将多条管线来的气体汇聚后输送至 1 个或多个三相分离器中，本流程中只有一个三相分离器，因此仅使用了一条至三相分离器的出口管线，如图 2-6 所示。

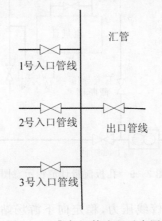

图 2-6 集气汇管流程示意图

（4）分离器：用于分离天然气中的液体成分，如图 2-7 所示。

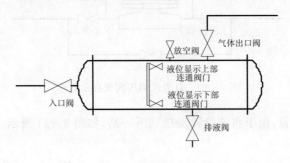

图 2-7 分离器流程示意图

（5）消泡剂注入装置：用于发泡剂排水作业时，向三相分离器内注入消泡剂，如图 2-8 所示。

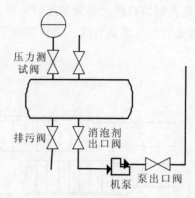

图 2-8　消泡剂注入装置流程示意图

(6)孔板流量计:用于测量天然气流速,如图 2-9 所示。

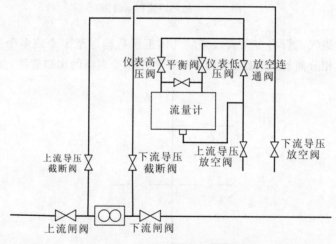

图 2-9　孔板流量计流程示意图

(7)自力式调压阀:用于调节管线压力,稳定向下游场站输送的天然气压力,如图 2-10 所示。

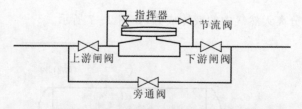

图 2-10　自力式调压阀流程示意图

(8)清管器发送装置:用于将清管器发送到下一站,如图 2-11 所示。

四、思考题

分析采气系统组成与作用。

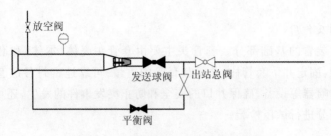

图 2-11　清管器发送装置流程示意图

任务二　1号气井开关井

一、实训目的

掌握排水采气法井口装置的组成及作用,通过采气仿真系统模拟现场采气井的开关井操作,从而掌握开关井的流程、井口的操作及安全注意事项,在提高学生的实践操作能力的同时,提高岗位安全意识,以便学生能够适应采气现场工作环境。

二、实训设备及任务

(1)采气仿真系统。

(2)熟练掌握排水采气操作流程。

三、实训内容

1号气井配备气举附件,可以进行气举排水。本次实训主要进行排水采气法井口开关井操作。首先是开井操作,根据井口装置设备组成从内到外导通井口流程,分别打开井口各阀门;其次是关井操作,根据井口装置设备组成从外到内关闭井口流程,依次关闭井口各阀门。

四、实训要求

1.井口装置组成及作用

井口装置和采气树是确保油气井安全生产的重要组成部分之一,井口装置是指位于主阀门以下的地面部分,主要由套管头、油管头等组成,是井口表层套管的最上部和油管头异径连接装置之间的全部永久性装置。采气树是指位于主阀门上面的部分,由阀门和附件组成,通过闸阀可有效地控制油气井产出流体的流量和流向。

井口装置是用于悬挂井下管柱、密封和控制套管环形空间的设备。

采气树用来控制生产井的正常开井、关井,以及在紧急情况下通过油嘴、井口安全阀门或井下安全阀门关断气流,以保护下游人员及设施安全。在正常生产时,通过调节油嘴的开度来控制单井的天然气产量,通过井口仪表来观察气井的井口压力、井口温度。另外,它也为井下钢丝作业及修井作业提供条件。

2.井口装置工作范围

采气井口装置主要用作气井测试和采气生产的井口装置,也可作为热采、注水、酸化、压裂作业时的控制井口。

3.套管头结构及作用

套管头属井口装置的基础部分。套管头主要由套管头壳体(本体)和套管悬挂总成等组成。套管头的功能:固定井下套管柱,并承载套管的重量;可靠地密封各层套管空间;钻进时,套管头上还可装防喷器等设备,确保井口的安全和防止突发事件的发生,还可以送入专用的试压塞对钻井设备部分进行试压检验。

4.油管头

油管头在钻穿油气层前,装在最上层的套管头上,再与防喷器连接。在完钻以后,利用它悬挂油管柱,密封油管与生产套管之间的环形空间并可以进行各种工艺作业。油管头由油管四通和一个悬挂封隔机构(油管挂)、平板阀等组成,根据采气(油)工艺的需要,它既可悬挂单根油管柱,也可悬挂多根油管柱。

5.采气树结构及作用

采气(油)树主要由阀门(包括闸阀和针形节流阀门)、大小头、小四通或三通、采气树帽、油管头变径法兰、缓冲器、截止阀(考克)和压力表等组成。它安装在油管头的上面,其作用是控制和调节气(油)井的流量和井口压力,并把气(油)流诱导到井口的出油管,在必要时可以用它来关闭井口。

6.闸阀

闸阀是指关闭件(闸板)沿介质通道中心线的垂直方向运动的阀门,闸阀作为采气(油)井口装置的核心部件,可以开启和截断管道介质。闸阀可以用于截断井内流体,但不能用于调节流体流量。

面向闸阀手轮,以大四通垂直方向上的第一个闸阀号为1号,然后按逆时针方向旋转,以紧靠大四通左边的第一个闸阀为2号,紧靠大四通右边的第一个闸阀为3号,紧靠1号闸阀上边的闸阀为4号,其余则以此类推,如图2-12所示。

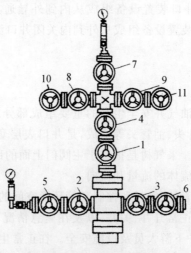

图2-12 采气树阀门编号

1—1号总闸阀; 2—套管左翼1号闸阀; 3—套管左翼1号闸阀; 4—2号总闸阀; 5—套管左翼2号闸阀;
6—套管右翼2号闸阀; 7—测压闸阀; 8—油管左翼1号闸阀; 9—油管右翼1号闸阀;
10—左翼角式节流阀; 11—右翼角式节流阀

(1)总闸阀是安装在采气树变径法兰和小四通之间的闸门,1号主阀和4号主阀。总闸阀是控制气(油)流进入采气(油)树的主要通道。因此,在正常生产情况下,它都是开着的,只有在需要长期关井或其他特殊情况下才关闭总闸阀。

(2)生产闸阀位于总闸阀的上方,油管小四通的两侧(双翼采气(油)树)。自喷井的生产闸阀总是开着的。

(3)清蜡闸阀是装在采气(油)树最上端的一个闸阀,它的上面可连接清蜡装置、防喷管等。清蜡时把它打开,清完蜡后,把刮片起到防喷管中,然后关闭清蜡闸阀。

五、操作步骤

1.1号气井开井操作步骤

(1)缓慢打开1号井-1号总阀门(从内到外导通井口流程),如图2-13所示。

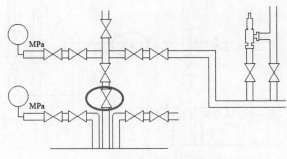

图2-13 1号井-1号总阀门示意图

(2)缓慢打开1号井-2号总阀门(从内到外导通井口流程),如图2-14所示。

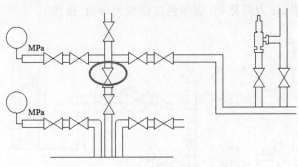

图2-14 1号井-2号总阀门示意图

(3)缓慢打开1号井-油管右侧生产闸阀(从内到外导通井口流程),如图2-15所示。

(4)缓慢调节1号井-油管右侧角式节流阀,如图2-16所示。调节其大小,注意下游管线压力不超过2 MPa。该阀门对控制下游管道压力起着非常重要的作用,程序中设定范围值较大,实际过程中需要根据生产现场数据及管线的耐压情况调整该阀门的开度。

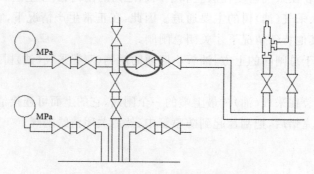

图 2-15 1 号井-油管右侧生产闸阀示意图

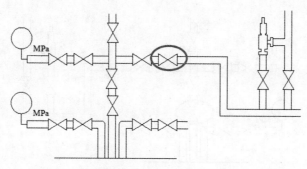

图 2-16 1 号井-油管右侧角式节流阀示意图

2.1 号气井关井操作步骤

(1)缓慢关闭油管右侧角式节流阀门(从外到内关闭井口流程),如图 2-17 所示。关闭后下游管线流动逐渐变慢,压力降低,管线颜色逐渐变为绿色(低压)。

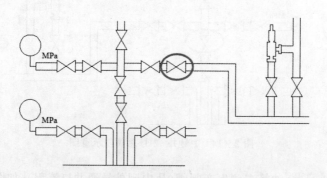

图 2-17 油管右侧角式节流阀门示意图

(2)缓慢关闭油管右侧生产闸阀(从外到内关闭井口流程),如图 2-18 所示。

(3)缓慢关闭 1 号井-2 号总阀门(从外到内关闭井口流程),如图 2-19 所示。

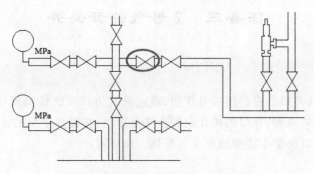

图 2-18　油管右侧生产闸阀示意图

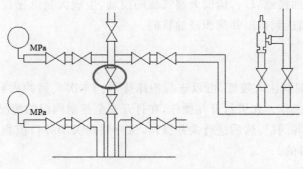

图 2-19　1 号井-2 号总阀门示意图

(4)缓慢关闭 1 号井-1 号总阀门(从外到内关闭井口流程),如图 2-20 所示。

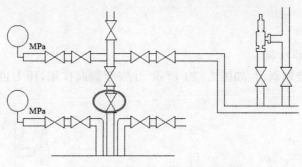

图 2-20　1 号井-1 号总阀门示意图

六、思考题

1.采气树的结构是什么?

2.排水采气法井口关井步骤是什么?

任务三　2号气井开关井

一、实训目的

掌握泡沫采气法井口装置的组成及作用,通过采气仿真系统模拟现场采气井的开关井操作,从而掌握开关井的流程、井口的操作及安全注意事项,在提高学生的实践操作能力的同时,提高岗位安全意识,以便学生能够适应采气现场工作环境。

二、实训基础

泡沫排水采气的基本原理是从井口向井底注入某种能够遇水起泡的表面活性剂(起泡剂),井底积水与起泡剂接触以后,借助天然气流的搅动,生成大量低密度含水泡沫,随气流从井底携带到地面,从而达到排出井筒积液的目的。

三、实训内容

2号气井配有发泡剂注入装置,可以进行泡沫排水。本次实训的内容主要是进行泡沫排水采气法井口开关井操作。先进行开井操作,在打开安全控制阀门的情况下,从内到外依次导通井口流程打开井口各阀门;然后进行关井操作,从外到内关闭井口流程各阀门,关闭气流通道,达到安全关井的目的。

四、实训设备及操作流程

(1)采气仿真系统。
(2)熟练掌握泡沫排水采气操作流程。

五、操作步骤

1.2号井开井操作步骤

(1)打开安全阀控制阀门,如图2-21所示,让安全阀起作用,压力过高会自动打开,将气体导入放空管线燃烧。

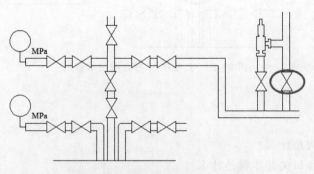

图2-21　安全阀控制阀门示意图

(2)缓慢打开2号井-1号总阀门(从内到外导通井口流程),让气流自下而上流动,如图

2-22所示。

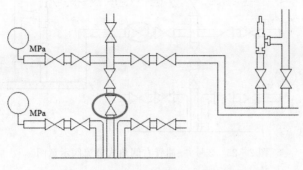

图 2-22　2号井-1号总阀门示意图

(3)缓慢打开2号井-2号总阀门(从内到外导通井口流程),让气流自下而上流动,如图2-23所示。

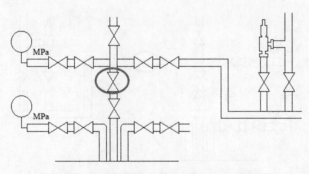

图 2-23　2号井-2号总阀门示意图

(4)缓慢打开2号井-油管右侧生产闸阀(从内到外导通井口流程),如图2-24所示。

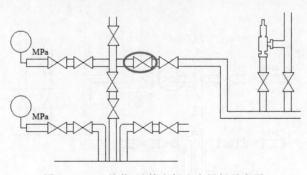

图 2-24　2号井-油管右侧生产闸阀示意图

(5)缓慢调节2号井-油管右侧角式节流阀(从内到外导通井口流程),如图2-25所示,使下游压力不超过2.0 MPa,否则会干扰另一口井的生产。多口不同压力的井最终通过同一汇管汇集后,每个汇管入口的压力必须保持一致,否则多口井会互相干扰。

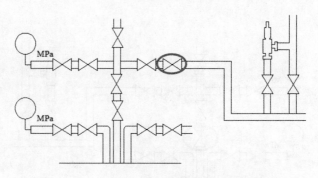

图 2-25　2 号井-油管右侧角式节流阀示意图

2.2 号井关井操作步骤

(1)缓慢关闭 2 号井-油管右侧角式节流阀(从外到内关闭井口流程,关闭气流通道),如图 2-26 所示。

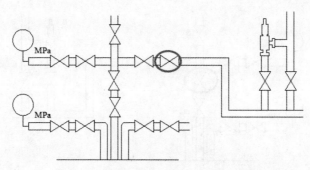

图 2-26　2 号井-油管右侧角式节流阀示意图

(2)缓慢关闭 2 号井-油管右侧生产闸阀(从外到内关闭井口流程,关闭气流通道),如图 2-27 所示。

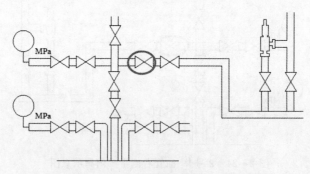

图 2-27　2 号井-油管右侧生产闸阀示意图

(3)缓慢关闭 2 号井-2 号总阀门(从外到内关闭井口流程,关闭气流通道),如图 2-28 所示。

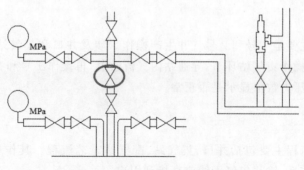

图 2-28　2 号井-2 号总阀门示意图

(4)缓慢关闭 2 号井-1 号总阀门(从外到内关闭井口流程,关闭气流通道),如图 2-29 所示。

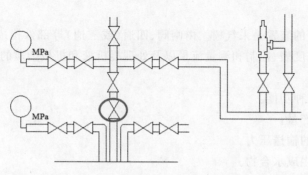

图 2-29　2 号井-1 号总阀门示意图

六、思考题

1.泡沫排水采气法和排水采气法的区别是什么?
2.泡沫排水采气法流程操作有什么要求?

任务四　1 号和 2 号气井生产

一、实训目的

通过采气仿真系统模拟现场排水采气法和泡沫采气法的生产流程,掌握生产的操作步骤,以适应采气现场工作环境。

二、实训设备及任务

(1)采气模拟器操作系统。
(2)熟练掌握 1 号和 2 号气井生产操作流程。

三、实训内容

本次实训内容主要是 1 号和 2 号气井生产操作。涉及井口和集气站部分工艺流程,基于安全操作的考虑,先操作集气站环节,导通站内气流通道,再操作 1 号和 2 号气井井口流程,依次打开各阀门,观察压力数值显示是否正常。

四、实训要求

采气井站工艺流程主要包括井口、集气站、配气站工艺流程。其作用是对天然气进行采集、输送、处理等工艺后,输往集气干线或直接到用户。

天然气从地层开采出来时压力一般很高,而且气体中含有水分、凝析油以及一些岩屑、砂砾等机械杂质,不宜直接输往用户,需要对其进行必要的预处理。针对处理天然气的不同方式,天然气的集气就具有不同的工艺流程,一般分为井场流程和集气站流程。

1. 井场流程

井场流程最主要的装置是采气树。由闸阀、四通(或三通)等部件构成一套管汇。节流阀之后,接有压力表、温度表、控制和测量流量以及处理凝析液和机械杂质的设备,构成一套井场流程。

井场装置具有三种功能:

(1)调控气井的产量。

(2)调控天然气的输送压力。

(3)防止天然气生成水合物。

比较典型的井场装置流程,目前现场通常采用的有两种类型。一种是加热天然气防止生成水合物的流程,另一种是向天然气中注入抑制剂防止生成水合物的流程。天然气从针形阀出来后进入井场装置,首先通过加热炉进行加热升温,然后经过第一级节流阀(气井产量调控节流阀)进行气量调控和降压,天然气再次通过加热器进行加热升温,经过第二级节流阀(气体输压调控节流阀)进行降压以满足采气管线起点压力的要求。

2. 集气站工艺流程

气田集输站场工艺流程是表达各种站场的工艺方法和工艺过程。所表达的内容包括物料平衡量、设备种类和生产能力、操作参数,以及控制操作条件的方法和仪表设备等。

集气站工艺流程分为单井集输流程和多井集输流程。按天然气分离时的温度条件,可分为常温分离工艺流程和低温分离工艺流程。

3. 操作要求

(1)必须先导通站内气流通道,再打开井口阀门,否则会造成站内憋压。

(2)井口开井时,从内向外开启阀门,井口油管节流阀门起着调节下游管线压力的作用,需要适度开启。

(3)本流程中不要求详细设置流量计阀门状态及调压阀状态,导通气路即可。

(4)采气过程中由于有节流阀存在,气体会在节流阀处明显降压,体积增大数倍,导致气体温度急剧降低,因此必须使用加热炉对天然气进行加热,否则会损坏管线上的各种设备。

五、操作步骤

1.1号井生产操作步骤

(1)导通站内气流通道。

(2)打开加热炉1号通路入口阀门(导通站内流程,打开站内气流通道),将加热炉投入使用,如图2-30所示。

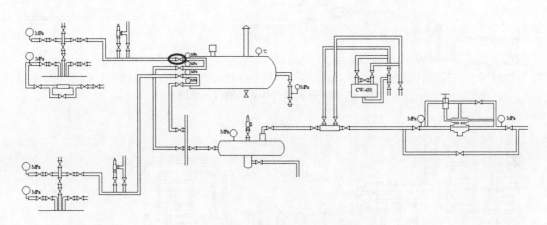

图2-30 加热炉1号通路入口阀门示意图

(3)打开加热炉1号通路出口阀门(导通站内流程,打开站内气流通道),如图2-31所示。

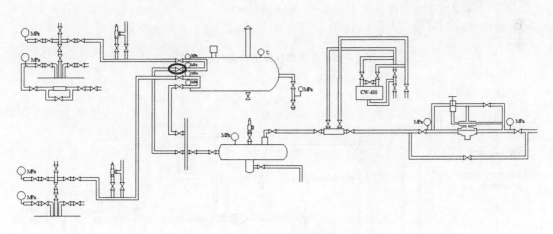

图2-31 加热炉1号通路出口阀门示意图

(4)打开分离器气体入口阀门(导通站内流程,打开站内气流通道),如图2-32所示。

(5)打开分离器气体出口阀门(导通站内流程,打开站内气流通道),如图2-33所示。

(6)打开流量计上游阀门(导通站内流程,打开站内气流通道),如图2-34所示。

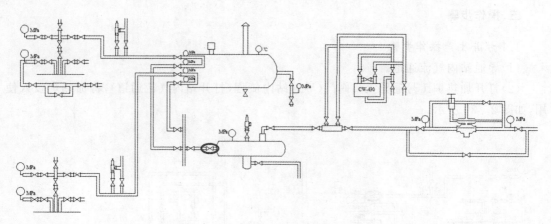

图 2-32 分离器气体入口阀门示意图

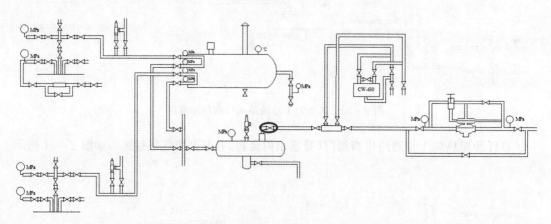

图 2-33 分离器气体出口阀门示意图

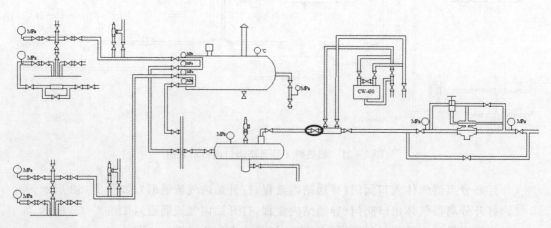

图 2-34 流量计上游阀门示意图

　　(7)打开流量计下游阀门(导通站内流程,打开站内气流通道),如图 2-35 所示。

(8)打开自力式调压阀上游阀门(导通站内流程,打开站内气流通道),如图 2-36 所示。

(9)打开自力式调压阀下游阀门(导通站内流程,打开站内气流通道),如图 2-37 所示。

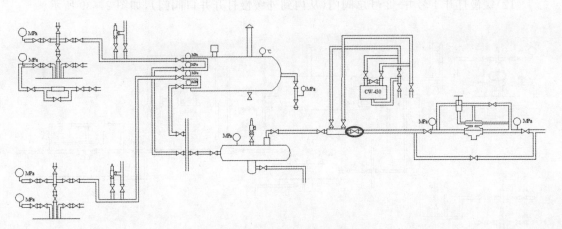

图 2-35　流量计下游阀门示意图

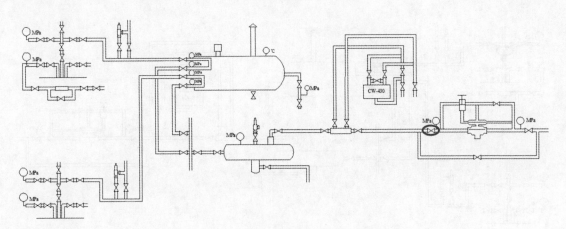

图 2-36　自力式调压阀上游阀门示意图

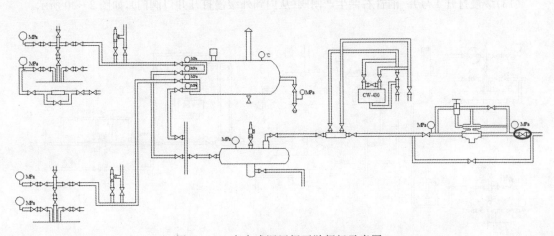

图 2-37　自力式调压阀下游阀门示意图

(10)打开井口流程(从内到外缓慢打开井口阀门)。

(11)缓慢打开 1 号井-1 号总阀门(从内到外缓慢打开井口阀门),如图 2-38 所示。

(12)缓慢打开 1 号井-2 号总阀门(从内到外缓慢打开井口阀门),如图 2-39 所示。

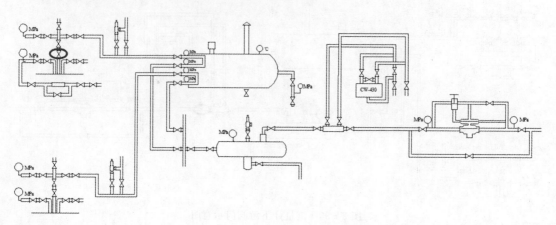

图 2-38 1 号井-1 号总阀门示意图

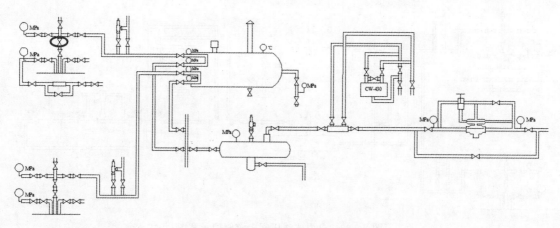

图 2-39 1 号井-2 号总阀门示意图

(13)缓慢打开 1 号井-油管右侧生产闸阀(从内到外缓慢打开井口阀门),如图 2-40 所示。

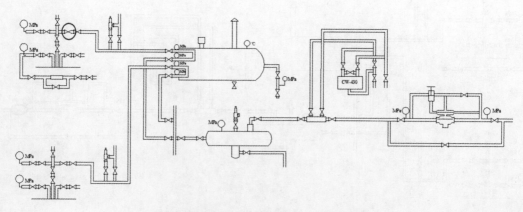

图 2-40 1 号井-油管右侧生产闸阀示意图

(14)缓慢调节 1 号井-油管右侧角式节流阀(从内到外缓慢打开井口阀门),如图 2-41 所示,阀门开度约为 10%。此处为程序设定值,保证下游管线压力不大于 2 MPa 即可。

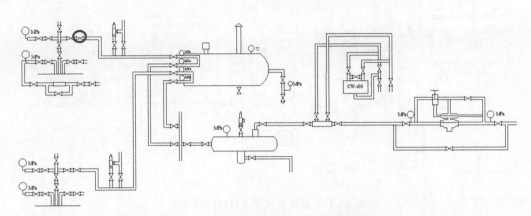

图 2-41 1 号井-油管右侧角式节流阀示意图

2.2 号井生产操作步骤

(1)打开加热炉 2 号通路入口阀门(导通站内流程,打开站内气流通道),如图 2-42 所示。

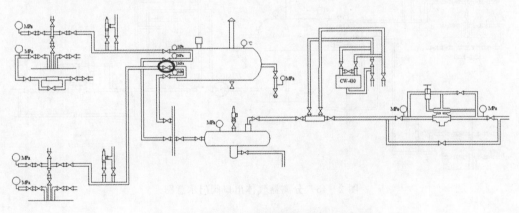

图 2-42 加热炉 2 号通路入口阀门示意图

(2)打开加热炉 2 号通路出口阀门(导通站内流程,打开站内气流通道),如图 2-43 所示。

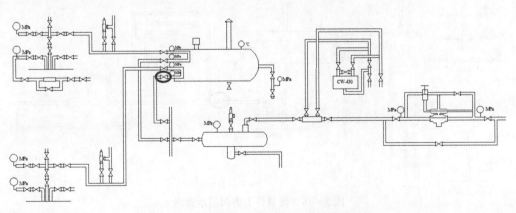

图 2-43 加热炉 2 号通路出口阀门示意图

（3）打开分离器气体入口阀门（导通站内流程，打开站内气流通道），如图2-44所示。

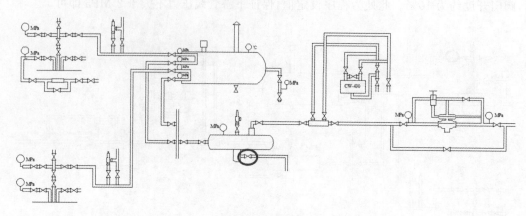

图2-44　分离器气体入口阀门示意图

（4）打开分离器气体出口阀门（导通站内流程，打开站内气流通道），如图2-45所示。

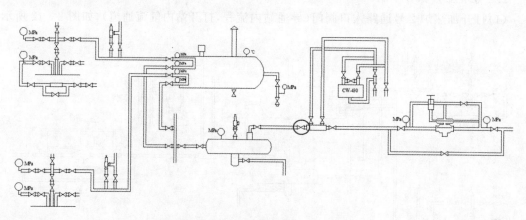

图2-45　分离器气体出口阀门示意图

（5）打开流量计上游阀门（导通站内流程，打开站内气流通道），如图2-46所示。

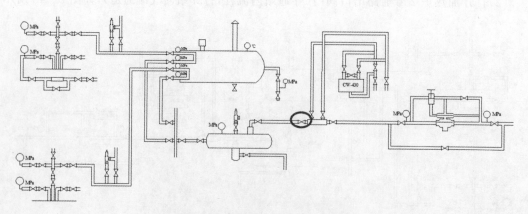

图2-46　流量计上游阀门示意图

（6）打开流量计下游阀门（导通站内流程，打开站内气流通道），如图 2-47 所示。

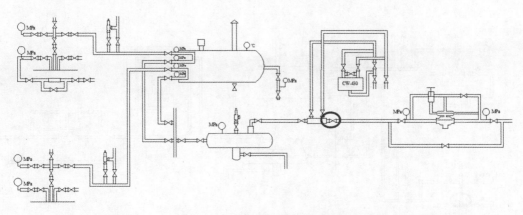

图 2-47　流量计下游阀门示意图

（7）打开自力式调压阀上游阀门（导通站内流程，打开站内气流通道），如图 2-48 所示。

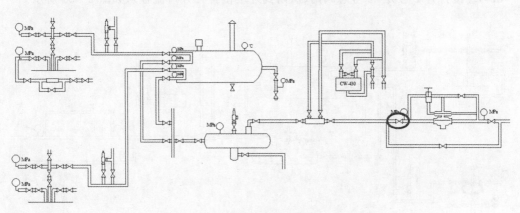

图 2-48　自力式调压阀上游阀门示意图

（8）打开自力式调压阀下游阀门（导通站内流程，打开站内气流通道），如图 2-49 所示。

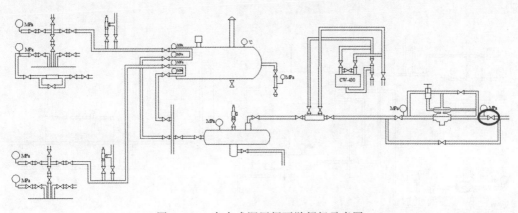

图 2-49　自力式调压阀下游阀门示意图

(9)缓慢打开2号井-1号总阀门(从内到外缓慢打开井口流程),如图2-50所示。

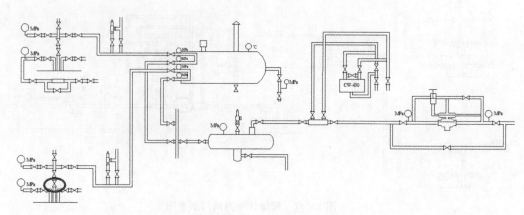

图2-50 2号井-1号总阀门示意图

(10)缓慢打开2号井-2号总阀门(从内到外缓慢打开井口流程),如图2-51所示。

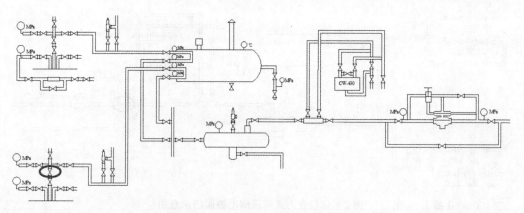

图2-51 2号井-2号总阀门示意图

(11)缓慢打开2号井-油管右侧生产闸阀(从内到外缓慢打开井口流程),如图2-52所示。

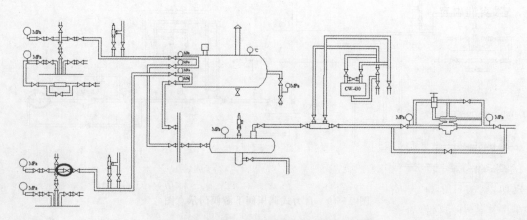

图2-52 2号井-油管右侧生产闸阀示意图

(12)缓慢调节2号井-油管右侧角式节流阀(从内到外缓慢打开井口流程),如图2-53所示。阀门开度约为5%,此处为程序设定值,使下游管线压力不超过2.0 MPa即可。

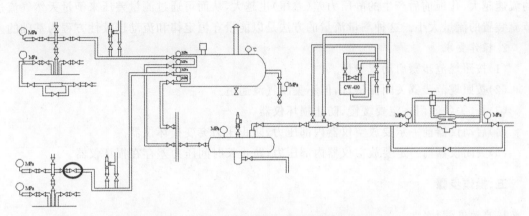

图2-53 2号井-油管右侧角式节流阀示意图

六、思考题

1号和2号气井生产过程中的安全注意事项有哪些?

任务五 启动和停止流量计

一、实训目的

掌握天然气流量计的结构和工作原理,通过仿真系统掌握天然气流量计的启停操作步骤及注意事项。

二、实训设备及任务

(1)采气仿真系统。
(2)熟练掌握启动和停止流量计操作流程。

三、实训内容

本次实训内容主要是流量计的启动和停止操作。采用孔板流量计,用于测量天然气流速。先进行流量计的启动操作,启动流量计前一定要放空,以确保计量的准确性;然后进行流量计的停止操作,注意平缓操作。

四、实训要求

天然气流量测量采用孔板作为节流元件,静压、差压、温度取样由压力变送器、差压变送器、温度变送器获得并将相应的值实时传入计算机,计算机每秒钟计算一次流量值,并且不停地累加,到次日8:00开始另一天的计算。月、年气量也不停地累计下去。每秒钟的瞬时量也将在计算机内保存待查。

1.测量原理

天然气流经节流装置时,流束在孔板处形成局部收缩,从而使流速增加,静压力降低,气流的流速越大,孔板前后产生的静压力差(差压)也越大,从而可通过测量差压来衡量天然气流过节流装置的流量大小。这种测量流量的方法是以能量守恒定律和流动连续性方程为基础的。

2.操作要求

(1)按照规范步骤启动流量计。

(2)按照规范步骤关闭流量计,但不关闭气流通道。

(3)开、关各阀门一定要缓慢,防止损坏仪器。

(4)启动仪器前一定要放空仪器内部压力,防止压力突变损坏仪器。

(5)关闭仪器前一定要放空仪器内部压力,防止长时间压力差存在损坏仪器。

五、操作步骤

1.启动流量计

(1)开仪表平衡阀,如图2-54所示。将可能存在于高压管线和低压管线内的气体导通,平衡两根管道内的压力,使仪表指针归零,如果仪表指针不归零,说明仪器损坏。

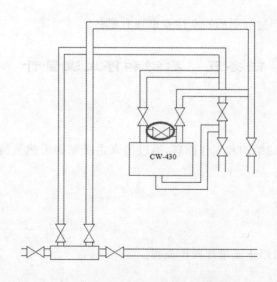

图2-54 仪表平衡阀示意图

(2)开仪表高压放空阀和仪表低压放空阀,如图2-55所示,将仪表管道内部可能存在的压力放空。

(3)开仪表高压阀和仪表低压阀,如图2-56所示,将仪表管道内可能存在的压力放空。

(4)待仪器内压力变为常压后(即放空管线已经无气体流出),如图2-55所示,关闭仪表高压放空阀和仪表低压放空阀。

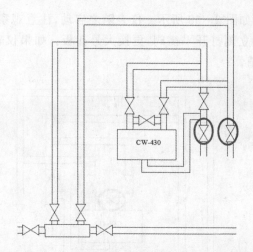

图 2-55 仪表高压放空阀和低压放空阀示意图

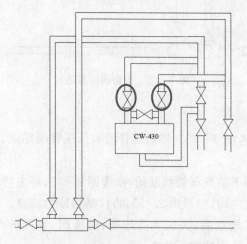

图 2-56 仪表高压阀和低压阀示意图

（5）全开节流装置上游和下游导压截断阀，如图 2-57 所示，将管道内压力引到仪器中。

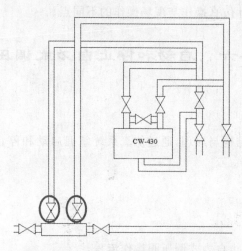

图 2-57 上游和下游导压截断阀示意图

(6)缓慢关闭平衡阀,如图 2-58 所示。仪表随之启动,注意观察仪表上读数有没有超过量程最大值,如果超过,则立刻打开平衡阀,更换大号孔板。如果仪表读数正常,当数值稳定时,测量值就为当前流量值。

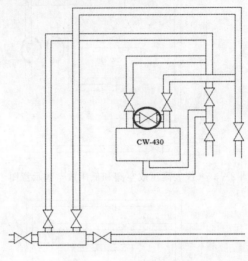

CW-430

图 2-58　平衡阀示意图

2.停止流量计

(1)开仪表平衡阀,参考图 2-58。将高压管线和低压管线导通,平衡两端压力,仪表将恢复到 0 状态。

(2)关节流装置上游和下游导压管截断阀,参考图 2-57,将主管线压力截断。

(3)开仪表导压管路放空阀,参考图 2-55,将仪器内压力放空。

(4)待仪表内压力完全放空后,关仪表高压阀、低压阀,参考图 2-56。将仪表与管线隔开,使仪表停止使用时处于稳定的常压状态。

六、思考题

思考启动和停止流量计仿真操作与现场操作的不同点。

任务六　启动和停止自力式调压阀

一、实训目的

掌握天然气调压阀的结构与原理,通过仿真系统掌握启动和停止自力式调压阀的操作步骤及注意事项。

二、实训设备及任务

(1)采气仿真系统。

(2)熟练掌握启动和停止自力式调压阀操作流程。

三、实训内容

本次实训的主要内容是启动和停止自力式调压阀操作。自力式调压阀主要用于调节管线压力,稳定向下游场站输送的天然气压力。它在管路中起到了调节管线压力,确保管线安全生产的重要作用,操作中要注意随时观察压力表参数,平缓操作,以确保管线安全。

四、实训要求

1. 组成

完全自力式高压调节器由气动薄膜阀、指挥器、供气压力调节器、凝结水罐、仪表风管及接头组成。

2. 工作原理

在一个减压调节的配置里控制线路连接下游时,阀门在压力打开的模式下操作。减压调节器是一个整装的装置。当控制线路连接下游时,供应压力来源于上游。

在调节器内,只有指挥器和气动阀部分零件(剖面线部分)是活动部件。指挥器阀芯由两个紧紧连在一起的不锈钢小球组成。上游压力(红色)是指挥器的供气压力,同时,它也是气动薄膜上面的作用力。气动薄膜阀的面积是其阀座面积的 2 倍,这保证其正确的关闭。

指挥器的下阀口是气动阀薄膜下部作用力的入口(红色到黄色),指挥器的上阀口是气体排放口(黄色到蓝色)。指挥器弹簧作用在其活动部分的上部,同时,它与下游压力(蓝色)相平衡。

假设旋紧指挥器调整螺钉,压缩其弹簧,达到一个顶定压力。当下游压力(蓝色)太低时,指挥器弹簧压迫其活动部分向下移动,关闭指挥器上部阀口(黄色到蓝色),接着打开其下部阀口(红色到黄色)。这允许上游压力(红色)进入气动阀薄膜下部(黄色),与上部压力平衡。此时,在其底部的上游压力的推动下,气动阀的阀座打开,下游压力逐渐升高。当达到设定值时,指挥气阀芯会同时关闭上、下两个阀口。

当下游压力超过其弹簧设定值时,指挥器活动部分会往上移动,打开其阀芯的上阀口,允许从气动阀薄膜底部排放气体(黄色到蓝色)。在其薄膜底部压力减小后,气动阀口会向下移动,关小阀口,以保持下游压力与设定值相等。这个无外排的、三通的指挥器阀芯,调整了气动阀膜底部的压力(黄色),重新定位了气动阀的阀座位置,以适应流量的变化。这种快速且稳定的反应,起到了真正的节流式调节作用。

供气压力调节器为需要持续低压气源的气动元件和指挥器提供所需压力,其特点是容易调整,内部泄放;其工作温度为−18~93℃。

可移动式薄膜依靠对所需流量快速的反应提供恒定的下游压力。薄膜阀座组件可以上下移动以回应出口微小的所需流量的变化,薄膜阀座的移动改变喷嘴和尼龙阀座组件的间隙,从而补偿所需流量的变化。

3. 技术要求

(1)开关各阀门一定要缓慢,防止损坏仪器。

(2)启动调压阀前一定要平衡仪器内部压力,防止压力突变损坏调压阀。

(3)开关各阀门一定要缓慢,防止损坏仪器。

(4)关闭调压阀前一定要平衡仪器内部压力,防止长时间存在压差缩短调压阀寿命。

五、操作步骤

1.启动自力式调压阀

(1)开旁通阀供气,如图2-59所示,确保气流通道不被阻断,并使供气压力稍低于要求的压力值(1.1~1.8 MPa之间),直至压力基本稳定。

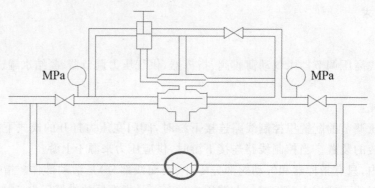

图2-59 开旁通阀示意图

(2)全开节流阀,如图2-60所示。平衡自力式调压阀内两条气路的压力,让助力器内活塞不受力,恢复中位。

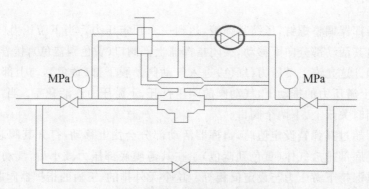

图2-60 开节流阀示意图

(3)稍微打开一点指挥器,让两条气路的左侧也连通,如图2-61所示。

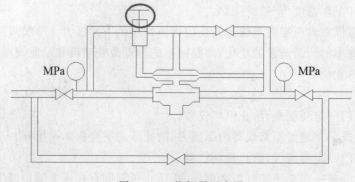

图2-61 指挥器示意图

（4）缓开自力式调压阀下流阀，准备进行供气，如图 2-62 所示。

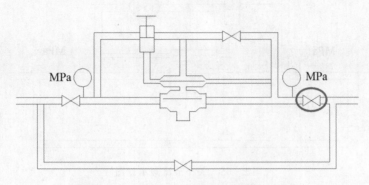

图 2-62　缓开自力式调压阀下流阀示意图

（5）缓开自力式调压阀上流阀，导通调节阀的气路，如图 2-63 所示。

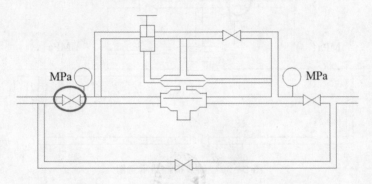

图 2-63　缓开自力式调压阀上流阀示意图

（6）关旁通阀，停止从旁通供气，气流从调压阀经过，如图 2-64 所示。

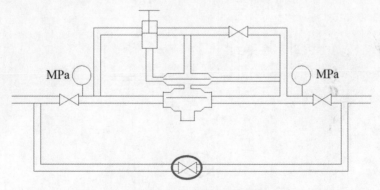

图 2-64　关旁通阀示意图

（7）关小节流阀，仪器内两根气路开始产生压差，调压阀开始工作，如图 2-65 所示。

（8）调节指挥器手轮，使阀后压力达到给定值（1.1～1.3 MPa 之间），如图 2-66 所示。

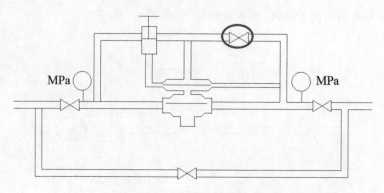

图 2-65 关小节流阀示意图

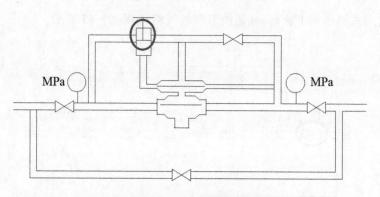

图 2-66 调节指挥器示意图

2.关闭自力式调压阀操作步骤

(1)开旁通阀供气,使减压阀前后两端压差降为0,如图2-67所示。

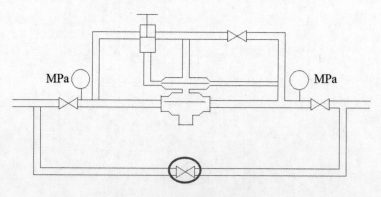

图 2-67 开旁通阀示意图

(2)缓慢关闭指挥器,将调压阀内下部气流通路关闭,如图2-68所示。

(3)全开节流阀,将调压阀内两条气流连通,使压差降为0,如图2-69所示。

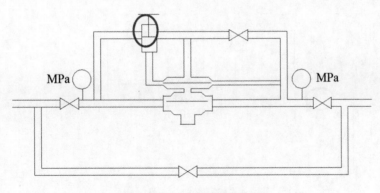

图 2-68 关闭指挥器示意图

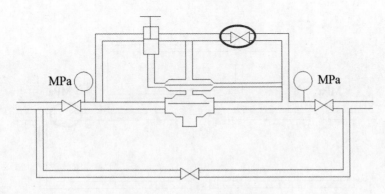

图 2-69 全开节流阀示意图

(4)调整旁通阀开度,使阀门下游达到要求的压力值(1.1～1.8 MPa 之间),如图 2-70
所示。

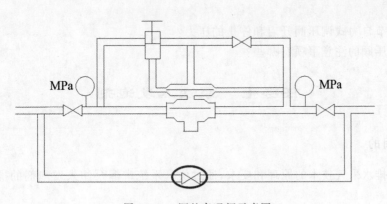

图 2-70 调整旁通阀示意图

(5)关自力式调压阀上流阀门,如图 2-71 所示。

(6)关自力式调压阀下流阀门,如图 2-72 所示。

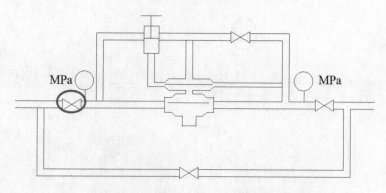

图 2-71　关自力式调压阀上流阀门示意图

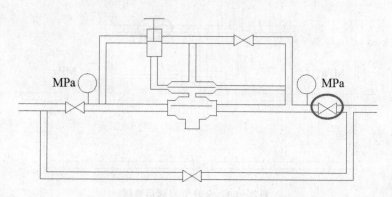

图 2-72　关自力式调压阀下流阀门示意图

六、思考题

1. 如何调节自力式调压阀开启和停止的压力？
2. 操作调压阀的注意事项有哪些？

任务七　泵注入发泡剂

一、实训目的

掌握泡沫排水采气技术的原理和要求,通过仿真系统掌握泵注入发泡剂的操作步骤及注意事项。

二、实训设备及任务

(1)采气仿真系统。
(2)熟练掌握泵注入发泡剂操作流程。

三、实训内容

本次实训的内容主要是发泡剂的泵入操作。发泡剂的泵入操作是天然气井泡沫排水采气法的重要组成部分。操作时,先从内向外依次打开井口各阀门导通井口流程,再操作发泡剂的泵入流程。注意安全作业!

四、实训要求

1.泡沫采气的概念

泡沫排水采气技术是通过地面设备向井内注入泡沫助采剂,降低井内积液的表、界面张力,使其呈低表面张力和高表面黏度的状态,利用井内自生气体或注入外部气源(天然气或液氮)产生泡沫。由于气体与液体的密度相差很大,故在液体中的气泡总是很快上升至液面,使液体以泡沫的方式被带出,达到排出井内积液的目的。

该工艺适用于弱喷、间喷的产水气井,井底温度≤120℃,抗凝析油的泡排剂要求凝析油量在总液量中的比例不超过30%,其最大排水能力<100 m³/d,最大井深<3 500 m。泡排的投入采出比在1:30以上,经济效益十分显著。

2.泡沫采气的操作要求

(1)打开2号井投入生产,向左侧套管注入发泡剂排水,向分离器内注入消泡剂。

(2)储罐和井内压差较大时,可以打开平衡罐1号压力平衡阀和2号压力平衡阀提升罐内压力。

(3)启用平衡注入法时,必须关闭发泡剂加入口阀门及储罐排污阀门。

(4)高压井井口发泡剂一般采用平衡罐方式注入,由于下游管线已经经过降压,消泡剂一般采用机泵直接注入。

五、操作步骤

(1)打开2号井安全阀控制阀门,高压井必须先打开安全阀控制阀门再进行操作,如图2-73所示。

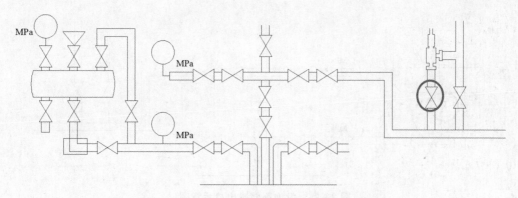

图2-73　打开2号井安全阀控制阀门示意图

(2)缓慢打开2号井-1号总阀门,缓慢打开2号井-2号总阀门(从内到外导通井口流程),如图2-74所示。

(3)缓慢打开2号井-油管右侧生产闸阀,缓慢调节2号井-油管右侧角式节流阀,开度约为5%(从内到外导通井口流程),如图2-75所示。

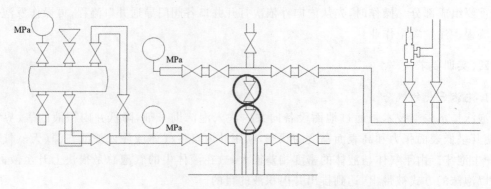

图 2-74 2号井-1号总阀门和2号总阀门示意图

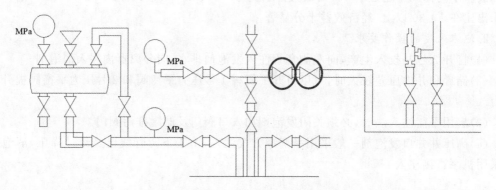

图 2-75 2号井-油管右侧生产闸阀和右侧角式节流阀示意图

(4)打开发泡剂储罐出口,如图 2-76 所示。

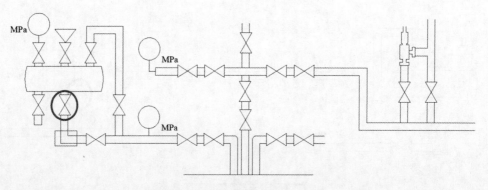

图 2-76 发泡剂储罐出口示意图

(5)打开发泡剂机泵出口,如图 2-77 所示。

(6)打开套管左侧 2 号闸阀,打开套管左侧 1 号闸阀,打开套管注入发泡剂通道,如图 2-78所示。

(7)打开发泡剂机泵,如图 2-79 所示。

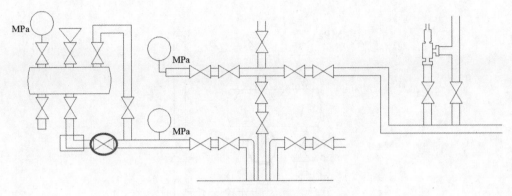

图 2-77 发泡剂机泵出口示意图

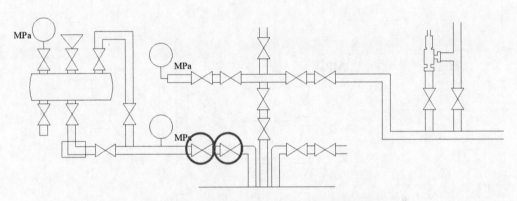

图 2-78 套管左侧 2 号闸阀和 1 号闸阀示意图

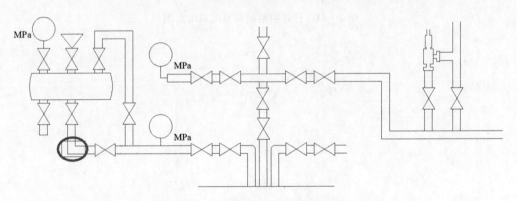

图 2-79 打开发泡剂机泵示意图

(8)打开消泡剂出口,如图 2-80 所示。

(9)打开消泡剂机泵出口,如图 2-81 所示。

(10)打开消泡剂机泵,如图 2-82 所示。

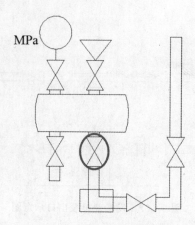

图 2-80   消泡剂出口示意图

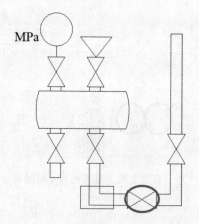

图 2-81   打开消泡剂机泵出口示意图

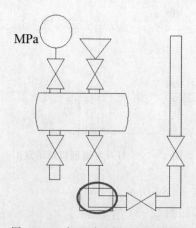

图 2-82   打开消泡剂机泵示意图

六、思考题

分析泵入发泡剂的流程和操作要求。

任务八　清管器发送与接收

一、实训目的

掌握清管器的结构与工作原理,熟悉清管器接收与发送的操作步骤,合理控制操作过程中的参数。

二、实训设备及任务

(1)采气仿真系统。
(2)熟练掌握清管器发送与接收操作流程。

三、实训内容

本次实训内容主要是清管器发送与接收操作。清管器发送装置将清管器发送到下一站,并由下一站的接收装置接收。清管器在天然气管线输送流程中起到清理管线、解除堵塞的功能,能保证天然气管线正常工作,它的作用不容忽视。

四、实训要求

清管器由气体、液体或管道输送介质推动,是用来清理管道的专用工具。它可以携带无线电发射装置与地面跟踪仪器共同构成电子跟踪系统。

1. 清管器的作用

(1)运营中天然气管线:清除管线内部积水、轻质油、甲烷水合物、氧化铁、碳化物粉尘、二硫化碳、氢硫酸等物质;降低其中的腐蚀性物质对管道内壁的腐蚀损伤;重新明确管线走向;检测管线变形;检查沿线阀门完好率;减小工作回压。

(2)运营中原油管线:管线内检测前清管、低输量间歇运行输油管线清管;清除管线内部的凝油、结蜡、结垢,达到减小输油回压、减小磨阻、降低输油温度的目的。

(3)化工物料及食用油管线:清理具有聚合性物料管线;隔离不同管输介质,实现单管多品输送、计量管输介质。

2. 清管器的分类

一般有橡胶清管球、皮碗清管器、直板清管器、刮蜡清管器、泡沫清管器、屈曲探测器等六大系列。

3. 清管器的工作原理

在欲作业的管道中,按作业的要求置入相应系列的清管器。清管器皮碗的外沿与管道内壁弹性密封,以管输介质产生的压差为动力,推动清管器沿管道运行。依靠清管器自身或其所带机具所具有的刮削、冲刷作用来清除管道内的结垢或沉积物。

4.清管器的操作要求

(1)清管器内未放空压力时,切不可打开盲板;放空压力时,不可动火。

(2)缓慢操作各阀门。

(3)实际操作时,清管器进站半小时前就应导通清管器接收器气流通道。

(4)管道污水太多时,需要打开排污阀排放污水。

五、操作步骤

1.清管器发送操作步骤

(1)打开放空阀,将清管器发送装置内压力释放,待压力等于常压时进行第二步,如图2-83所示。

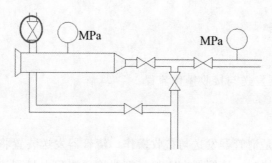

图2-83　打开放空阀示意图

(2)打开盲板,系统将自动放入清管器,如图2-84所示。

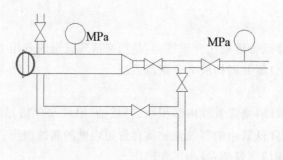

图2-84　打开盲板示意图

(3)关闭盲板,如图2-85所示。

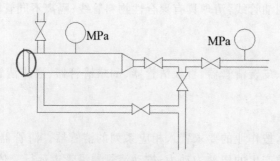

图2-85　关闭盲板示意图

(4)关闭放空阀,如图 2－86 所示。

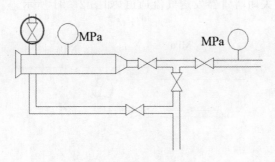

图 2－86 关闭放空阀示意图

(5)打开平衡阀,将站内气流导入清管器发送装置,如图 2－87 所示。

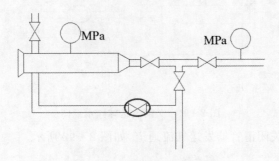

图 2－87 打开平衡阀示意图

(6)打开发球筒口的发送球阀,导通清管器出站通道,如图 2－88 所示。

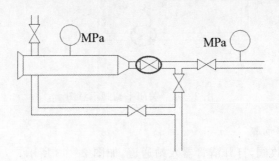

图 2－88 发送球阀示意图

(7)缓慢关闭线路主阀门,如图 2－89 所示。

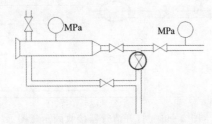

图 2－89 关闭线路主阀门示意图

(8)缓慢打开线路主阀门,使气流流经线路主阀门出站,如图2-90所示。

(9)关闭发送球阀,关闭清管器发送气流通道,如图2-91所示。

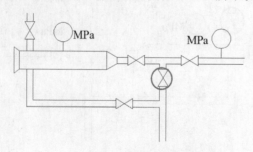

图2-90 打开线路主阀门示意图

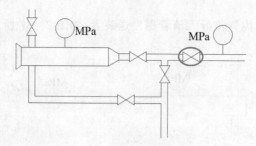

图2-91 关闭发送球阀示意图

(10)关闭平衡阀,关闭清管器发送气流通道,如图2-92所示。

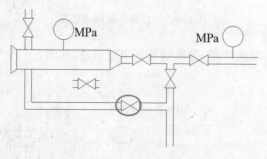

图2-92 关闭平衡阀示意图

2.清管器接收操作步骤

(1)打开清管器接收阀,打开清管器入站通道,如图2-93所示。

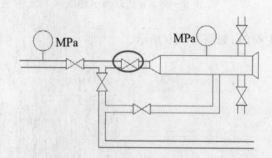

图2-93 打开清管器接收阀示意图

(2)打开平衡阀,打开清管器气流入站通道,如图 2-94 所示。

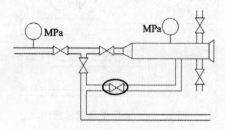

图 2-94 打开平衡阀示意图

(3)缓慢关小线路主阀,使气流流入清管器接收装置内,如图 2-95 所示。

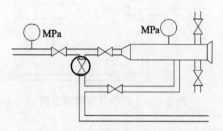

图 2-95 缓慢关小线路主阀示意图

(4)缓慢开大线路主阀,使进站气流主要通过线路主阀进站,如图 2-96 所示。

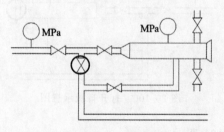

图 2-96 缓慢开大线路主阀示意图

(5)缓慢关闭清管器接收阀,关闭清管器接收装置入口气流通道,如图 2-97 所示。

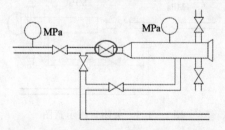

图 2-97 缓慢关闭清管器接收阀示意图

(6)关闭平衡阀,完全关闭清管器接收装置气流通道,如图 2-98 所示。

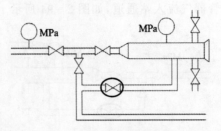

图 2-98 关闭平衡阀示意图

(7)打开放空阀,释放清管器接受装置内压力,如图 2-99 所示。

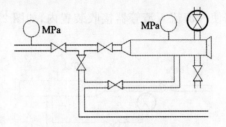

图 2-99 打开放空阀示意图

(8)清管器内压力变为常压后,打开盲板,取出清管器,如图 2-100 所示。

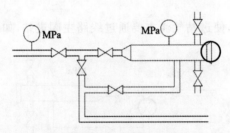

图 2-100 打开盲板示意图

(9)关闭盲板,如图 2-101 所示。

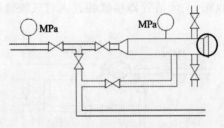

图 2-101 关闭盲板示意图

六、思考题

1.清管器发送和接收操作步骤及要求有哪些?

2.清管器盲板有什么作用?

项目三　井下作业仿真实训

任务一　仿真系统使用方法

一、实训目的

熟悉井下作业仿真系统的组成和操作方法。

二、实训设备

井下作业仿真操作系统。

三、实训内容

(一)修井机控制台使用方法

修井机控制台如图3-1所示,其各部分使用方法如下。

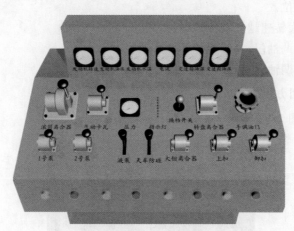

图3-1　修井机控制台

1. 启动柴油机
(1)摘开所有离合器及开关。
(2)按1号按钮,启动柴油机。
2. 泥浆泵的开、停操作
(1)扳动1号泵开关(或2号泵开关),手柄向上,为开泵。
(2)扳动1号泵开关(或2号泵开关),手柄向下,为停泵。

3. 泵冲(排量)大小的调节

(1)选择合适的挡位。

(2)挡位越高,最大泵冲(排量)越大;反之,则越小。

(3)逆时针旋动 1 号泵调节(或 2 号泵调节),为减小泵冲(排量)。

(4)顺时针旋动 1 号泵调节(或 2 号泵调节),为增大泵冲(排量)。

4. 钻具的上扣、卸扣操作

(1)挂合大钳离合器。

(2)扳动上扣离合器至挂合位置,为钻具上扣。

(3)扳动卸扣离合器至挂合位置,为钻具卸扣。

5. 钻具的上提、下放操作

(1)选择合适的挡位。

(2)挡位越高,上提速度越大;反之,则越小。

(3)扳动滚筒离合器手柄向上或向下至适当位置,为上提钻具。

(4)松开滚筒离合器手柄回复至中间位置,为下放钻具。

(5)根据操作滚筒离合器的不同位置,提供不同的上提力。

6. 转盘的开、停操作

(1)扳动转盘离合器手柄向上至挂合位置,为开转盘。

(2)扳动转盘离合器手柄向下至摘开位置,为停转盘。

7. 转盘转速调节

(1)选择合适的挡位。

(2)挡位越高,最大转速越大;反之,则越小。

(3)逆时针旋动手调油门,为减慢转盘转速。

(4)顺时针旋动手调油门,为加快转盘转速。

(二) 阻流管汇使用方法

阻流管汇结构如图 3-2 所示。

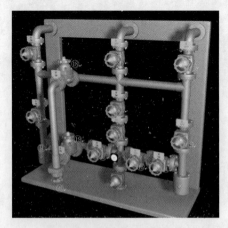

图 3-2 阻流管汇结构图

1. 阀门开关方法

顺时针旋转阀门到底关闭阀门,逆时针旋转阀门到底打开阀门。

2. 立管管汇使用方法

立管管汇结构如图 3-3 所示。

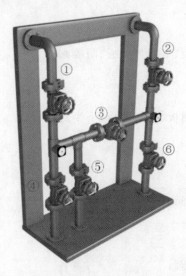

图 3-3　立管管汇结构图

(三)阻流器控制台使用方法

阻流器可以控制两套液动节流通路(取决于节流管汇阀门的开关状态)。

(1)确定需要控制的节流支路。

(2)将节流调节阀扳至关位置,可以关闭节流阀,将节流调节阀扳至开位置,可以打开节流阀。

(3)节流速度调节旋钮可以调整单位节流阀的开关速度。

图 3-4 显示了节流调节阀和节流速度调节旋钮的位置。

图 3-4　节流调节阀

(四)通用操作步骤

1.作业的初始化状态

每一个作业开始前,都要求检查井口设备状态。要求确认每一个设备都工作在正常的状态。同时在作业进行过程中,也会根据工艺要求改变设备的状态。

(1)防喷器的初始状态。

1)压井作业。

a)打开环形闸板、全封闸板、下半封闸板、防喷阀;

b)关闭上半封闸板。

2)其余作业。

a)打开环形闸板、上半封闸板、全封闸板、下半封闸板;

b)关闭防喷阀。

(2)节流管汇状态。

1)1号节流支路状态。

a)打开⑦⑧⑨⑩⑫⑭平板阀;

b)关闭其余平板阀。

2)2号节流支路状态。

a)打开⑨⑫⑬⑭⑮⑯平板阀;

b)关闭其余平板阀。

注意:如果选择1号节流支路,在阻流器控制台上必须使用1号节流调节阀开关1号节流阀。如果选择2号节流支路,在阻流器控制台上必须使用2号节流调节阀开关2号节流阀。

(3)立管管汇状态。

1)灌浆状态。

打开④⑤号平板阀,关闭①②③⑥号平板阀。或打开③⑤⑥号平板阀,关闭①②④号平板阀。

2)循环状态。

打开①④号平板阀,关闭③⑤⑥号平板阀。或打开②③④号平板阀,关闭①⑤⑥号平板阀。或打开②⑥号平板阀,关闭③④⑤号平板阀。或打开①③⑥号平板阀;关闭②④⑤号平板阀。

(4)泥浆泵状态。

在作业开始前,所有泥浆泵调节旋钮必须处于零位。

2.修井机控制台上的8个按钮

在修井机控制台上有8个按钮,主要用于模拟在钻井现场除了司钻以外的其他工种的操作。如二层台工,内外钳工等。8个按钮的位置如图3-5所示。

图3-5 8个按钮位置

3.移动游车

要使游车上下移动,必须满足以下所有条件:

(1)刹把处于松的状态。

(2)发动机转速不为零,发动机转速显示位置如图 3-6 所示。

图 3-6 发动机转速

这时,可以通过滚筒离合器来控制游车的移动,如图 3-7 所示。

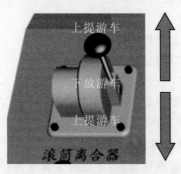

图 3-7 滚筒离合器控制游车移动

可以通过下压或上提滚筒离合器的幅度来控制游车的移动速度。如果是钻进工况,通过松开刹把来提供钻压,通过下压幅度来控制钻压的大小。

当游车的高度高于"防碰上限锁死"设定值或低于"防碰下限锁死"设定值时,游车将不能移动,这时应该通过按下复位保护即 8 号按钮来解锁,解锁完成后就可以重新移动游车。

4.调节泥浆泵冲数

通过调节泥浆泵调节旋钮,可以很容易地设定泵冲数(系统设计单个泵的泵冲范围为 0~120 SPM)。

调节泵冲数将影响到立管压力。在有些情况下,立管压力可能会超过立管压力安全阀的设定值,这时泥浆泵将失效。造成这种情况的原因可以概括为泵冲数开得太大,IBOP 关闭或考克关闭时开泵,立管管汇通路不对时开泵等。

安全阀起效以后,按照不同的情况有如下两种处理办法。

(1)钻头在井底。迅速提离钻头,离开井底 3 m 以上,将所有泥浆泵的旋钮调节到零。

(2)钻头不在井底。将所有泥浆泵的旋钮调节到零。

完成上述操作后,系统有相应的语音提示。

5. 调节转速

通过调节转速调节旋钮,可以很容易地设定转速(系统设计转速范围为 0~220 r/min)。

6. 扭矩憋停

当钻具的扭矩大于在参数程序中给定的钻井扭矩限定值时,将发生扭矩憋停的事故。造成这种事故的原因很多,比如把钻井扭矩限定值给的太小,或者在钻进时施加的钻压太大等。总之,出现这种情况属于比较严重的事故,必须马上处理。

扭矩憋停后,按照不同的情况有如下两种处理办法。

(1)钻头在井底。必须在 20 s 内将钻具提离井底 1 m 以上,否则,会发生钻具断裂事故。

(2)钻头不在井底。仅需要将钻井扭矩限定值调大就可以了。

处理完事故后,钻具将重新转动起来。

7. 立柱进出立杆盒

(1)立柱进立杆盒。

1)按 3 号按钮,将立柱摆进立杆盒。

2)缓慢下放,将立柱底端放至立杆盒。

3)按 2 号按钮,开吊卡,立柱进入立杆盒。

(2)立柱出立杆盒。

1)按 2 号按钮,将空吊卡扣上立柱上接头。

2)上提立柱,将立柱送回井口与钻具对接。

8. 其他注意事项

(1)模拟培训系统在运行过程中必须要一直保持"防喷器""节流管汇""立管管汇"处于正确的状态。如果在中途改变了状态,将导致作业异常结束。

(2)当卡瓦到井口后,必须释放悬重,才能卸开吊卡。

(3)必须将施加在卡瓦上的悬重释放后,才能将卡瓦从井口移开。

(4)在某些情况下,需要发出警报,按下 8 号按钮即可。

任务二 下油管操作

一、实训目的

学习下油管准备工作,熟悉现场作业要求及环境。依据井下作业仿真系统练习下油管操作,掌握下油管的操作步骤及技术要求,从而提高学生的操作能力。

二、实训设备及任务

(1)井下作业仿真操作系统。

(2)熟练掌握下油管操作流程。

三、实训内容

模拟油田现场下油管的程序,启动作业机,上提游动系统到规定位置,上吊卡,对扣下放,液压油管钳卸扣,提出气动卡瓦转移悬重,下放管柱到规定位置,再转移悬重,摘开吊卡,上提游动系统继续下油管。

四、实训要求

起下管柱是指用吊升系统将井内的管柱提出井口,逐根卸下放在油管桥上,经过清洗、丈量、重新组配和更换下井工具后,再逐根下入井内的过程。准备工作如下。

1.资料

(1)施工设计。

(2)井内油管规格、根数和长度,井下工具名称、规格深度及井下管柱结构示意图。

(3)与起下油管有关的井下事故的发生时间、事故类型、实物图片及铅印图。

2.施工设备

(1)修井机或通井机必须满足施工提升载荷的技术要求,运转正常,刹车系统灵活可靠。

(2)井架、天车、游动滑车、绷绳、绳卡、死绳头和地锚等,均符合技术要求。

(3)调整井架绷绳,使天车、游动滑车和井口中心在一条垂直线上。

(4)检查动力钳、管钳和吊卡,应满足起下油管规范要求。

(5)作业中的修井机或通井机都应安装合格的指重表或拉力计。

(6)大绳应使用Φ19 mm以上的钢丝绳,穿好游动滑车后整齐地缠绕排列在滚筒上。游动滑车放至最低点时滚筒余绳不少于9圈。

3.管材及下井工具

(1)油管、抽油杆、钻杆的规格、数量和钢级应满足工程设计要求,不同钢级和壁厚的管材不能混杂堆放。

(2)清洗油管内外螺纹,检查油管有无弯曲、腐蚀、裂缝、孔洞和螺纹损坏。不合格油管标上明显记号单独摆放,不准下入井内。

(3)用锅炉车清洗油管内外泥砂、结蜡、高凝油等,并涂抹丝扣密封脂。

(4)下井油管必须用油管规通过,油管规选用应符合表3-1规定。

表3-1 油管规选用规定 （单位:mm）

油管公称直径	油管外径	油管规直径	油管规长度
40	48.26	37	
50	60.32	47	
62	73.02	59	800~1 200
76	88.90	73	
88	101.60	85	

4.搭油管(钻杆、抽油杆)桥

(1)油管(钻杆)桥离地高度不小于0.3 m,不少于3个支点。

(2)抽油杆桥离地高度不小于0.3 m,不少于4个支点。

(3)油管(钻杆)桥和抽油杆桥距井口2 m,并留有安全通道。

五、操作步骤

(1)按 1 号按钮,开始本次作业。系统会自动将大钩旋转 90°,准备接立柱。

(2)起空吊卡:

1)上提空吊卡离开井口。

2)当大钩高度到达二层平台(19~20 m)时,停车。

(3)立柱出立杆盒:

将立柱从立杆盒上起出,并送回井口与钻具对扣。

若大钩高度未在规定范围内,此操作无法进行,系统将有语音提示。

(4)上扣。

(5)移开卡瓦:

1)上提钻具,指重表所指悬重变化为整个钻具质量。

2)使气动卡瓦处于卡紧,移开井口卡瓦。

(6)下放钻具:

1)下放钻具到井口(大钩高度在 0.4~0.5 m 之间)。

2)使气动卡瓦处于松开,上井口卡瓦。

3)松开刹把,指重表所指悬重变化为大钩质量。

(7)摘开吊卡:按 2 号按钮,摘开吊卡。

(8)至此,完成下钻操作。可选择以下两种操作之一:

1)返回步骤2,重新起空吊卡,继续下放钻柱。

2)按 1 号按钮,结束本次作业。

本作业至多可以向井内下放 3 根立柱。

六、思考题

结合下油管操作分析起油管操作步骤。

任务三 冲 砂 操 作

一、实训目的

掌握冲砂方法和程序及其要求,依据井下作业仿真系统模拟冲砂操作,从而熟悉现场作业环境。

二、实训设备及任务

(1)井下作业仿真操作系统。

(2)熟练掌握冲砂操作流程。

三、实训内容

在掌握冲砂定义、冲砂方式、冲砂技术要求的基础上,探砂面,看悬重,上提管柱,开泵到规定排量,下放管柱开始冲砂,然后上提下放管柱循环携砂到冲砂结束。

四、实训要求

冲砂的方式有三种,有正冲砂、反冲砂和正反冲砂。冲砂的工作液也有多种,要根据井下的油、气层物性来选用。

1.冲砂液

(1)具有一定的黏度,以保证有良好的携砂性能。

(2)具有一定的密度,以便形成适当的液柱压力,防止井喷和漏失。

(3)与油层配伍性好,不损害油层。

(4)来源广,经济适用。

通常采用的冲砂液有油、水、乳化液等。为了防止污染油层,在冲砂液中可以加入表面活性剂。一般油井用原油或水做冲砂工作液,水井用清水(或盐水)做冲砂工作液,低压井用混气水做冲砂工作液。

2.冲砂方式

冲砂方式一般有正冲砂、反冲砂和正反冲砂三种。

(1)正冲砂。

冲砂工作液沿冲砂管向下流动,在流出冲砂管口时以较高的流速冲击井底沉砂,冲散的砂子与冲砂工作液混合后,沿冲砂管与套管环形空间返至地面。

(2)反冲砂。

冲砂工作液沿冲砂管与套管环形空间向下流动,冲击井底沉砂,冲散的砂子与冲砂工作液混合后,沿冲砂管返至地面。

(3)正反冲砂。

采用正冲砂的方式冲散井底沉砂,并使其与冲砂工作液混合,然后改为反冲砂方式将砂子带到地面。

3.冲砂程序及技术要求

(1)下冲砂管柱。

当探砂面管柱具备冲砂条件时,可以用探砂面管柱直接冲砂;如探砂面管柱不具备冲砂条件,需下入冲砂管柱冲砂。

(2)连接冲砂管线。

在井口油管上部连接轻便水龙头,接水龙带,连接地面管线至泵车,泵车的上水管连接冲砂工作液罐。水龙带要用棕绳绑在大钩上,以免冲砂时水龙带在水击振动下卸扣掉下伤人。

(3)冲砂。

当管柱下到砂面以上 3 m 时开泵循环,观察出口排量正常后缓慢下放管柱冲砂。冲砂时要尽量提高排量,保证把冲起的沉砂带到地面。

(4)接单根。

在余出井控装置以上的油管全部冲入井内后,要大排量打入井筒容积 2 倍的冲砂工作液,保证把井筒内冲起的砂子全部带到地面。停泵,提出连接水龙头的油管卸下,接着下入一单根油管。连接带有水龙头的油管,提起 1～2 m,开泵循环,待出口排量正常后缓慢下放管柱冲砂。如此一根接一根冲到人工井底。

（5）大排量冲洗井筒。

冲至人工井底深度后，上提 1～2 m，用清水大排量冲洗井筒 2 周。

（6）探人工井底。

冲砂结束后，下放油管实探人工井底，连探三次管柱悬重下降 10～20 kN，与人工井底深度误差在 0.3～0.5 m，为实探人工井底深度。

（7）冲砂施工中如果发现地层严重漏失，冲砂液不能返出地面，应立即停止冲砂，将管柱提至原始砂面以上，并反复活动管柱。

（8）高压自喷井冲砂要控制出口排量，应保持与进口排量平衡，防止井喷。

（9）冲砂至井底（灰面）或设计深度后，应保持 0.4 m³/min 以上的排量继续循环，当出口含砂量小于 0.2％时为冲砂合格。然后上提管柱 20 m 以上，沉降 4 h 后复探砂面，记录深度。

（10）冲砂深度必须达到设计要求。

五、操作步骤

（1）按 1 号按钮，开始本次作业。

（2）下放钻具探砂面，当发现指重表下降时，表示已探到砂面。

探砂面加压不得超过 200 kN。

不要将大钩高度下降到 9.05 m 以下，否则探砂面过深，将会导致作业异常结束。

（3）上提钻具，开泵：

1）上提钻具到大钩高度 11 m 以上。

2）开泵，并调整排量大于 20 L/s。

（4）开始冲砂。控制刹把，缓慢下放，开始冲砂。

在整个冲砂过程中，不得关泵，否则将导致作业异常结束。

（5）上下活动钻具 3 次以上，循环携砂。

（6）关泵，完成作业：

1）关泵。

2）按 1 号按钮，结束本次作业。

六、思考题

为什么探砂面加压不得超过 200 kN？

任务四　铅模打印操作

一、实训目的

学习铅模用途，熟悉现场作业要求及环境。掌握铅模打印操作步骤及技术要求，从而提高学生的操作能力。

二、实训设备及任务

（1）井下作业仿真操作系统。

(2)熟练掌握铅模打印操作流程。

三、实训内容

通过铅模打印来判断井筒技术状况、井下落物类型及深度,下放管柱到距离井下落物2 m处,开泵到规定排量,冲洗鱼顶,关泵,下放管柱进行打印,读取悬重数值,上提管柱取出铅模,卸掉铅模进行印痕分析。

四、实训要求

(1)用途:铅模是探视井下套管损坏类型、程度和落物深度、鱼顶形状、方位的专用工具。根据印痕判断事故的性质,为制定修理和打捞落物的措施及选择工具提供依据。

(2)结构:平底铅模和锥形铅模。

(3)使用技术要求:①下井前必须认真检查连接螺纹、接头及铅壳镶装程度。②铅模打印规定,一般选择比欲测内径小 4～5 mm 的铅模,铅模只允许打印一次,不能重复打印。

五、操作步骤

(1)确定本次作业为打捞。

(2)按 1 号按钮,开始本次作业。

(3)开泵,冲洗鱼顶:

1)开泵,调整排量大于 15 L/s,冲洗鱼顶。

2)在冲洗鱼顶的过程中,缓慢下放铅模到鱼顶上方。

(4)加压,打印:

1)当铅模下放到鱼顶上方时,关泵。

2)缓慢下放铅模,接触鱼顶,加压打印,加压不得超过 100 kN。

(5)上提,结束作业:

1)上提钻具至大钩高度大于 10 m。

2)按 1 号按钮结束本次作业。

打印一次后,上提即可结束作业,不可重新加压二次打印。

六、思考题

铅模打印的用途及操作要求是什么?

任务五 偏心辊子整形操作

一、实训目的

学习偏心辊子整形器的结构和原理,掌握偏心辊子整形器的操作步骤及技术要求,从而提高学生的操作能力。

二、实训设备及任务

(1)井下作业仿真操作系统。

（2）熟练掌握偏心辊子整形操作流程。

三、实训内容

开泵开转盘，边下放边转动管柱，对套管变形部位进行整形，通过上提下放反复划眼，直到整形合格，关泵关转盘。

四、实训原理

1. 作用

对轻度变形的套管进行整形修复。

2. 结构

偏心辊子结构见图3-8。

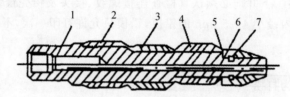

图3-8　偏心辊子结构图

1—偏心轴；　2—上辊；　3—中辊；　4—下辊；　5—锥辊；　6—丝堵；　7—钢球

3. 工作原理

当钻柱沿自身轴线旋转时，上、下辊绕自身轴线做旋转运动。而中辊轴线由于与上下辊轴线有一偏心矩 e，必绕钻具中心线以 $(\frac{1}{2}D+e)$ 为半径做圆周运动，这样就形成一组曲轴凸轮机构，以上、下辊为支点，中辊以旋转挤压的形式对变形部位套管进行整形。

五、操作步骤

（1）按1号按钮，开始本次作业。

（2）开泵，开转盘：

1）开泵。

2）开转盘，控制转盘转速在 20 r/min 以下。

（3）缓慢下放钻具，对变形井段进行整形。

在整形过程中，可以发现扭矩波动，当扭矩不变时，表示通过了整形段。

在整形过程中，不要关泵。

在整形过程中，不要改变转盘转速。

（4）高速画眼：

1）关钻盘，上提钻具，调整转盘转速大于 80 r/min。

2）下放，对整形段进行高速画眼。

系统设计需执行操作（4）3次以上。

（5）关泵，关转盘，按1号按钮，结束本次作业。

六、思考题

分析偏心辊子整形器结构与操作步骤。

任务六　可退式捞矛操作

一、实训目的

掌握可退式捞矛的使用方法,现场能够正确使用可退式捞矛进行打捞落物操作。

二、实训设备及任务

(1)井下作业仿真操作系统。
(2)熟练掌握可退式捞矛操作流程。

三、实训内容

用可退式打捞矛打捞井下管类落物,开泵上提管柱,测量未打捞上井下落物时悬重,下放冲洗鱼顶,下放管柱,通过套管压力判断可退式打捞矛是否进入鱼腔,上提管柱,对比悬重看是否打捞成功,上提管柱结束打捞作业。未打捞成功时,需开转盘倒扣,起初管柱重新下工具进行打捞。

四、实训要求

1.用途
可退式打捞矛是从鱼腔内孔进行打捞的工具。它既可打捞自由状态下的管柱,也可打捞遇卡管柱,还可以按其不同的作业要求与安全接头、上击器、加速器、管子割刀等组合使用。

2.结构
可退式捞矛由芯轴、圆卡瓦、释放环和引鞋等组成。

3.工作原理
(1)打捞矛自由状态下,圆卡瓦外径略大于落物内径。当工具进入鱼腔时,圆卡瓦被压缩,产生一定的外胀力,使卡瓦贴紧落物内壁,随着芯轴上行和提拉力的逐渐增加,芯轴、卡瓦上的锯齿形螺纹互相吻合,卡瓦产生径向力,使其咬住落鱼实现打捞。

(2)退出。一旦落鱼卡死,无法捞出需退出捞矛时,只要给芯轴一定的下击力,就能使圆卡瓦与芯轴的内外锯齿形螺纹脱开(此下击力可由钻柱本身重力或使用下击器来实现),再正转钻具2~3圈(深井可多转几圈),圆卡瓦与芯轴产生相对位移,促使圆卡瓦芯轴锯齿形螺纹向下运动,直至圆卡瓦与释放环上端面接触为止(此时卡瓦与芯轴处于完全释放位置),上提钻具,即可退出落鱼。

五、操作步骤

(1)确定本次打捞作业的类型。
(2)按1号按钮,开始本次作业。

(3)开泵,冲洗鱼顶。

(4)下放可退式捞矛至落鱼内:

1)缓慢下放可退式捞矛,在下放过程中,需上提,测悬重。

2)下放可退式捞矛至落鱼内,当发现立管压力增加时,关泵。

3)继续下放,当发现出现钻压时,说明捞矛已经没入鱼顶。

4)上提钻具,当发现指重表悬重大幅度增加时,证明捞获落鱼。

在下放可退式捞矛至落鱼内的过程中,必须上提测悬重,否则作业异常结束。

当可退式捞矛没入鱼顶出现钻压时,控制钻压小于 500 kN,否则作业异常结束。

在发现立管压力增加后,必须关泵,否则在可退式捞矛下至大钩高度 1.7 m 以下后,作业异常结束。

捞获落鱼后,在上提过程中,可能出现遇阻或未遇阻两种情况。若遇阻,则执行步骤(5);若未遇阻,则执行步骤(6)。

(5)上提钻具未遇阻:

1)在上提过程中,发现指重表波动小,上下活动 4 次以上。

2)在指重表稳定以后,按 1 号按钮,结束本次作业。

(6)上提钻具遇阻:

1)上提钻具,指重表波动幅度较大,继续上提,指重表悬重继续增大,但上提速度越来越小,则表明钻具遇阻。

2)下放钻具到底,刹死。

3)开转盘,转盘正转,关转盘,将可退式捞矛退出落鱼。

4)关转盘,上提钻具出落鱼,按 1 号按钮结束本次作业。

在上提时如果发现钻具遇阻,不要将大钩提到 6.5 m 以上,否则将导致作业异常结束。

钻具遇阻后,下放钻具到井底,需将所有落鱼重力卸掉后,才能进行下一步操作。

六、思考题

可退式捞矛的操作过程中,上提钻具遇阻时如何操作才能避免作业异常结束?

任务七　滑块捞矛操作

一、实训目的

掌握滑块捞矛的使用方法,现场能够正确使用滑块捞矛进行打捞落物操作。

二、实训设备及任务

(1)井下作业仿真操作系统。

(2)熟练掌握滑块捞矛操作流程。

三、实训内容

用滑块捞矛打捞井下管类落物,开泵上提管柱,测量未打捞上井下落物时悬重,下放冲洗鱼顶,下放管柱,通过套管压力判断滑块打捞矛是否进入鱼腔,上提管柱,对比悬重看是否打捞成功,上提管柱结束打捞作业。

四、实训要求

1. 滑块捞矛的用途

滑块卡瓦打捞矛是内捞工具,它可以打捞钻杆、油管、套铣管、衬管、封隔器、配水器、配产器等具有内孔的落物,又可对遇卡落物进行倒扣作业或配合其他工具使用(如震击器、倒扣器等)。

2. 滑块捞矛的用途

滑块捞矛按滑块数量分为单滑块捞矛和双滑块捞矛两种,按打捞条件分为可冲洗捞矛与不可冲洗捞矛两种。其结构性能基本相同,只不过双滑块捞矛比单滑块捞矛打捞承载面积更大,安全系数略高。可冲洗捞矛可以冲洗鱼顶,比不可冲洗捞矛打捞范围略广。

3. 滑块捞矛的结构

卡瓦,其圆弧外径与被打捞落物内径相同,表面有梳形尖齿。圆弧背部有与矛杆燕尾导轨相同斜度的燕尾槽。

锁块,安装在矛杆横向燕尾槽内,并被螺钉拧紧在矛杆上,用以限定卡瓦的最大工作位置。

4. 滑块捞矛的工作原理

在矛杆与卡瓦进入鱼腔之后,卡瓦依靠自重向下滑动,卡瓦与斜面产生相对位移,卡瓦齿面与矛杆中心线距离增加,使其打捞尺寸逐渐加大,直至与鱼腔内壁接触为止。上提矛杆时,斜面向上运动所产生的径向分力迫使卡瓦咬住落物内壁,抓住落物。

五、操作步骤

(1)按1号按钮,开始本次作业。

(2)开泵,冲洗鱼顶。

(3)下放滑块捞矛至落鱼内:

1)缓慢下放滑块捞矛,在下放过程中,需上提,测悬重。

2)将滑块捞矛下至落鱼内,当发现立管压力增加时,立即停泵。

3)在下放过程中,如果出现钻压,证明鱼顶已经接触滑块捞矛顶部,此时迅速上提滑块捞矛。

在下放滑块捞矛至落鱼内的过程中,必须上提测悬重,否则作业异常结束。

当滑块捞矛没入鱼顶出现钻压时,控制钻压小于500 kN,否则作业异常结束。

在发现立管压力增加后,必须关泵,否则当滑块捞矛下至1.02 m以下时,作业异常结束。

上提、下放活动钻具4次以上,当发现指重表稳定时,按1号按钮,结束本次作业。

六、思考题

分析滑块捞矛操作及其技术要求。

任务八　测卡点操作

一、实训目的

掌握测卡点工艺原理及操作步骤,现场能够正确进行测卡点操作。

二、实训设备及任务

(1)井下作业仿真操作系统。

(2)熟练掌握测卡点操作流程。

三、实训内容

通过卡点位置判断井下落物深度,明白通过理论法计算卡点的原理,4次上提管柱,记录3个净压力及对应的3个伸长量,带入公式求出卡点深度。

四、实训要求

1.卡点

卡点是指井下落物被卡部位最上部的深度。卡点的测定就是对这一深度的测定。测定卡点深度的意义:

(1)可以确定大修施工中管柱倒扣时的悬重,即确定管柱的中和点。施工中能准确地从卡点处倒开,减少打捞次数。

(2)可以确定管柱切割的准确位置,能保证切割时在卡点上部1~2 m处切断,判断套管损坏的准确位置,有利于对套管损坏部位的修复。

(3)判断管柱被卡类型,有利于事故的处理。

2.卡点的测定

井下工艺管柱遇卡有各种原因,而准确地测得卡点深度,对于打捞解卡是非常重要的。目前测卡点常用的方法有理论计算法和测卡仪器测卡法。

五、操作步骤

(1)按1号按钮,开始本次作业。

(2)吊井口油管:

1)将大钩下放到钻台面(0.4 m以下)。

2)按2号按钮,吊环吊上井口钻具。

(3)移开井口卡瓦:

1)上提钻具,指重表所指悬重变化为整个钻具质量。

2)使气动卡瓦处于松开状态,移开井口卡瓦。

系统设计在大钩高度为0.8 m之前,必须移开卡瓦。

(4)第一次上提钻具:

1)上提钻具至适当位置。

2)刹死刹把,按 5 号按钮在油管上打上第一个记号。

第一次上提时,悬重增加不得超过 50 kN。

屏幕上会提示第一次提升拉力,记录之。

记录下此时的大钩位置。

(5)第二次上提钻具:

1)上提钻具至适当位置。

2)刹死刹把,按 5 号按钮在油管上打上第二个记号。

第二次上提时,悬重增加不得超过 80 kN,不得小于 40 kN。

屏幕上会提示第二次提升拉力,记录之。

记录下此时的大钩位置。

(6)第三次上提钻具:

1)上提钻具至适当位置。

2)刹死刹把,按 5 号按钮在油管上打上第三个记号。

第三次上提时,悬重增加不得超过 30 kN,不得小于 20 kN。

屏幕上会提示第三次提升拉力,记录之。

记录下此时的大钩位置。

(7)第四次上提钻具:

1)上提钻具至适当位置。

2)刹死刹把,按 5 号按钮在油管上打上第四个记号。

第四次上提时,悬重增加不得超过 30 kN,不得小于 20 kN。

屏幕上会提示第四次提升拉力,记录之。

记录下此时的大钩位置。

(8)计算卡点:

1)通过上述数据,可以计算出卡点。

2)按 2 号按钮在屏幕上显示正确结果。

(9)至此,完成测卡点操作,按 1 号按钮结束本次作业。

六、思考题

测量卡点的操作步骤及技术要求。

任务九　射孔前刮管操作

一、实训目的

掌握射孔前刮管操作步骤,现场能够正确进行刮管操作。

二、实训设备及任务

(1)井下作业仿真操作系统。

(2)熟练掌握刮管操作流程。

三、实训内容

通过射孔前刮管判断管壁上有无硬垢、水泥、死油等脏物，为后续下射孔器做准备，上下反复刮管，接方钻杆，打通循环将刮下去的脏物通过反循环的方式带到地面，关泵，看管柱是否可下到底部，判断刮管是否成功。

四、实训要求

1. 套管刮削工具

常用的套管刮削器有两种，一种是胶筒式刮削器，一种是弹簧式刮削器。

2. 刮削前的准备

(1)准备井史资料，查清历次施工情况。

(2)根据套管内径，准备相应的套管刮削器。

(3)按施工设计组配管柱。管柱的结构自上而下依次为油管(或钻杆)、刮削器。

3. 刮削程序及技术要求

(1)下管柱要平稳，要控制下入速度为 20～30 m/min，下到距设计要求刮削井段以上 50 m 时，下放管柱的速度控制在 5～10 m/min。在设计刮削井段以上 2 m 开泵循环，循环正常后，一边顺管柱螺纹旋转方向转动管柱，一边缓慢下放管柱，然后再上提管柱反复多次刮削，直到管柱下放时悬重正常为止。

(2)如果管柱遇阻，不要顿击硬下，当管柱悬重下降 20～30 kN 时应停止下管柱。开泵循环，然后顺管柱螺纹旋转方向转动管柱缓慢下放，反复活动管柱到悬重正常再继续下管柱。

(3)管柱下到设计刮削深度后，打入井筒容积 1.2～1.5 倍的热水彻底清除井筒杂物。

五、操作步骤

(1)按 1 号按钮，开始本次作业。

(2)刮管：

1)下放钻具到设计井段(大钩高度为 2～12 m 之间)。

2)缓慢上提、下放，将设计井段刮管 3 次。

每次刮管的范围必须是整个设计井段。

刮管 3 次后，系统语音将提示"刮管完成"。

(3)上井口卡瓦：

1)当大钩高度下放到合适位置(0.4～0.5 m)时，使气动卡瓦处于卡紧状态，将卡瓦移动到井口。

2)松开刹把，指重表所指悬重变化为大钩质量。

(4)摘开吊卡：

按 2 号按钮，摘开吊卡。

(5)接立柱：

1)上提空吊卡离开井口。

2)当大钩高度到达二层平台(19～20 m)时，停车。

3)立柱出立杆盒，并将立柱送回井口与钻具对扣。

(6)上扣。

(7)移开卡瓦：

1)上提钻具,指重表所指悬重变化为整个钻具质量。

2)使气动卡瓦处于松开状态,移开井口卡瓦。

(8)下放钻具：

1)下放钻具到井口(大钩高度在 0.4～0.5 m 之间)。

2)使气动卡瓦处于卡紧状态,上井口卡瓦。

3)松开刹把,指重表所指悬重变化为大钩质量。

(9)摘开吊卡：

按 2 号按钮,摘开吊卡。

(10)重复步骤(4)～(7),接第二根立柱下放。

(11)上井口卡瓦：

1)缓慢下放钻具,发现钻压波动,可能是钻头接触井底,此时上提钻具 2 m 以上。

2)继续下放钻具,再次出现钻压波动,证明钻头确实接触井底,上提钻具至大钩高度 19.95～20.05 m 之间。

3)使气动卡瓦处于卡紧状态,上井口卡瓦。

4)松开刹把,指重表所指悬重变化为大钩质量。

(12)卸扣。

(13)上提钻具至合适位置(大钩高度 18～21 m 之间),立柱进立杆盒。

(14)下放钻具,当大钩高度在 1.5～2 m 之间时,按 7 号按钮,大钩旋转角度,准备接方钻杆。

(15)接方钻杆：

1)按 3 号按钮,大钩到大鼠洞吊上方钻杆。

2)上提钻具,当大钩在高度 13.7～15.7 m 之间时,按 2 号按钮,大钩回到井口与钻具对接。

(16)上扣。

(17)改变立管管汇为循环状态。

(18)移开井口卡瓦：

1)上提钻具,指重表所指悬重变化为整个钻具质量。

2)使气动卡瓦处于松开状态,移开井口卡瓦。

(19)探井底：

1)下放钻具到井底。

2)按 5 号按钮,在方钻杆上画线,确定当前探到井底的位置。

(20)循环打通：

1)上提钻具离开井底 1～2 m。

2)开泵,控制排量在 10 L/s 以内,并上提、下放活动钻具 1 次。

(21)大排量循环：

1)当语音提示"用大排量循环"时,增大泵排量到 15 L/s 以上。

2)在泥浆循环的同时,上提、下放活动钻具 3 次以上。

（22）当语音提示"循环结束"时，关泵，按1号按钮，结束本次作业。

六、思考题

分析刮管操作步骤。

任务十　TCP射孔操作

一、实训目的

了解 TCP 射孔技术的特点，通过仿真系统掌握 TCP 射孔操作步骤。

二、实训设备及任务

（1）井下作业仿真操作系统。
（2）熟练掌握 TCP 射孔操作流程。

三、实训内容

理解 TCP 射孔方式的原理，下放管柱使射孔器正对射孔目的层段，校正深度，接方钻杆，开关井口相关阀门、防喷器，营造加压环境，开泵加压引爆射孔弹，进行射孔，记录射孔时压力，打开相关阀门、防喷器，读取泥浆池体积增减量，结束作业。

四、实训要求

1. TCP 射孔概念
将射孔器悬挂在油管底部输送到预定的目的层位置进行射孔的工艺技术。
2. TCP 射孔特点
（1）输送能力强，一次可射孔数百米。
（2）能使用大直径射孔枪、大药量射孔弹，能满足高孔密、多相位、深穿透、大孔径的射孔要求。
（3）能根据油气层岩性特点设计负压值，消除射孔对地层的损害，提高油气井产能。
（4）能充分做好地面防喷准备，安装好井口设备后才引爆射孔枪，保证作业安全，尤其适用于高压油气井。
（5）射孔后可把射孔枪释放到井底，满足立即进行生产和生产测井的要求。
（6）如果一次点火引爆不成功，返工作业时间较长。
（7）要求使用耐温较高的射孔炸药。

五、操作步骤

（1）按1号按钮，开始本次作业。
（2）下放钻具，将射孔枪下放到钻头位置 2 953～2 953.5 m 之间。
（3）按4号按钮，系统播放电测校深动画。
（4）上井口卡瓦：

1)当大钩高度下放到合适位置(0.5~1 m)时,使气动卡瓦处于卡紧状态,将卡瓦移动到井口。

2)松开刹把,指重表所指悬重变化为大钩质量。

(5)摘开吊卡:按2号按钮,摘开吊卡。

(6)接方钻杆:

1)上提钻具至大钩高度2~3 m之间,按3号按钮,大钩到大鼠洞吊上方钻杆。

2)上提钻具,当大钩在高度13.7~15.7 m之间时,按2号按钮,大钩回到井口与钻具对接。

(7)上扣。

(8)改变立管管汇为循环状态。

(9)移开井口卡瓦:

1)上提钻具,指重表所指悬重变化为整个钻具质量。

2)使气动卡瓦处于松开状态,移开井口卡瓦。

(10)验证循环通路:开泵,当发现有出口排量时,关泵。

(11)在防喷器控制台上,打开放喷控制阀,关防喷器上半封闸板控制阀;调节阻流器,将节流阀开度调节到0。

(12)开泵,泵压迅速上升,当泵压达到1 700 psi(1 psi=6.895 kPa)时,系统将自动播放射孔动画。

(13)关泵,按7号按钮,观察立压和套压。

(14)调节阻流器,将节流阀开度调节到100%;在防喷器控制台上,打开上半封闸板控制阀,关防喷控制阀,再将阻流器的节流阀开度调节到50%。

(15)开启计量泵,观察泥浆池体积增减量,若观察完毕,按7号按钮。

(16)按1号按钮,结束本次作业。

六、思考题

分析TCP射孔操作与其他射孔操作的区别。

任务十一 射孔后刮管操作

一、实训目的

掌握射孔后刮管操作步骤,现场能够正确进行刮管操作。

二、实训设备及任务

(1)井下作业仿真操作系统。
(2)熟练掌握刮管操作流程。

三、实训内容

通过射孔后刮管判断管壁上硬垢、水泥、死油等脏物是否被刮掉,如果刮管不合格,重新刮管,上下反复刮管,接方钻杆,打通循环将刮下去的脏物通过反循环的方式带到地面,关泵,看管柱是否可下到底部,判断本次刮管是否成功。

四、实训要求

同任务九。

五、操作步骤

(1)按 1 号按钮,开始本次作业。

(2)刮管:

1)下放钻具到设计井段(大钩高度为 3～8 m 之间)。

2)缓慢上提、下放,刮管过程中指重表挂卡现象逐渐减弱,刮管 3 次后,挂卡现象消失。

每次刮管的范围必须是整个射孔井段。

刮管 3 次后,系统将语音提示"刮管完成"。

(3)上井口卡瓦:

1)当大钩高度下放到合适位置(0.4～0.5 m)时,气动卡瓦处于卡紧状态,将卡瓦移动到井口。

2)松开刹把,指重表所指悬重变化为大钩质量。

(4)摘开吊卡:按 2 号按钮,摘开吊卡。

(5)接方钻杆:

1)上提钻具至 1.5～2 m 之间,按 3 号按钮,大钩到大鼠洞吊上方钻杆。

2)上提钻具,当大钩在高度 13.7～15.7 m 之间时,按 2 号按钮,大钩回到井口与钻具对接。

(6)上扣。

(7)改变立管管汇为循环状态。

(8)移开井口卡瓦:

1)上提钻具,指重表所指悬重变化为整个钻具质量。

2)使气动卡瓦处于松开状态,移开井口卡瓦。

(9)循环打通:

1)开泵,控制排量在 10 L/s 以内。

2)上提、下放活动钻具 1 次以上。

(10)大排量循环:

1)在语音提示"用大排量循环"后,增大泵排量到 15 L/s 以上。

2)在泥浆循环的同时,上提、下放活动钻具 3 次以上。

(11)当系统语音提示"循环结束"时,关泵,按 1 号按钮,结束本次作业。

六、思考题

分析射孔前刮管和射孔后刮管的目的。

任务十二 优质筛管防砂操作

一、实训目的

掌握优质筛管防砂工艺原理及操作步骤,现场能够正确进行防砂操作。

二、实训设备及任务

(1)井下作业仿真操作系统。

(2)熟练掌握优质筛管防砂操作流程。

三、实训内容

掌握优质筛管防砂的机理及流程,将筛管下到设计位置,悬挂固定在套管壁上,通过投球加压,通过丢手工具将筛管下到出砂层位,起到防砂的作用。

四、实训要求

油井采取防砂工艺的目的,一是达到挡砂的效果,二是防砂后能够获得尽可能高的产能。优质筛管在这两方面的特点可以归结如下:

优点:完井工艺简单,施工时间短,成本低,不需要充填,安全系数高,大大缩短了完井周期,提高了作业效率,节省了大量的物力、财力。

缺点:防砂精度不高,防砂实效短,油井产量没有充填方式大,裸眼完井中,筛管容易被泥沙等堵住,需增产修井。

五、操作步骤

(1)按 1 号按钮,开始本次作业。

(2)将筛管下放到射孔井段:

1)下放钻具至合适位置(大钩高度 3~8 m 之间),上提测悬重。

2)继续下放,当大钩高度在 0.4~0.5 m 之间时,按 4 号按钮,播放投球动画。

(3)上井口卡瓦:

1)当大钩高度下放到合适位置(0.4~0.5 m)时,使气动卡瓦处于卡紧状态,将卡瓦移动到井口。

2)松开刹把,指重表所指悬重变化为大钩质量。

(4)摘开吊卡:按 2 号按钮,摘开吊卡。

(5)接方钻杆:

1)上提钻具至 1.5~2 m 之间,按 3 号按钮,大钩到大鼠洞吊上方钻杆。

2)上提钻具,当大钩在高度 13.7~15.7 m 之间时,按 2 号按钮,大钩回到井口与钻具对接。

(6)上扣。

(7)改变立管管汇为循环状态。

（8）移开卡瓦：

1）上提钻具，指重表所指悬重变化为整个钻具质量。

2）使气动卡瓦处于松开状态，移开井口卡瓦。

（9）下放钻具至大钩高度 9.9～10.5 m 之间，开泵，立管压力迅速上升，当超过 500 psi 时，顶部封隔器开始坐封；如果立管压力继续上涨到 3 000 psi，须及时关泵稳压。

系统设计开泵的位置需筛管在射孔井段，否则开泵无效。

（10）此时，语音提示"需要稳压"，观察立管压力，立压不变。

（11）当语音提示"稳压结束""开始泄压"时，立管压力迅速降至 0，语音提示"泄压结束"。

（12）上提和下压，钻具不动。

上提和下压，加压不得超过 200 kN。

（13）改变立管管汇为灌浆状态。

（14）在防喷器控制台上，打开放喷控制阀，关防喷器上半封闸板控制阀；调节阻流器，将节流阀开度调节到 0。

（15）当语音提示"环空验封"时，开泵，套压上升，套压上升到 2 000 psi 后，及时关泵。

环空验封需要缓慢打压，因此泵冲数不要超过 5 SPM。

（16）此时语音提示"需要稳压"，观察套压变化。

（17）若语音提示"稳压结束"，调节阻流器，将节流阀开度调节到 100%，泄掉套压；在防喷器控制台上，打开上半封闸板控制阀，关闭放喷控制阀。

（18）改变立管管汇为循环状态。

（19）开转盘，当转盘圈数达到 15 圈时，关转盘。

（20）上提钻具 2 m 以上，开泵，立管压力迅速上涨，当立管压力超过 4 000 psi 时，系统自动播放动画。

（21）关泵，按 1 号按钮，结束本次作业。

六、思考题

防砂的目的和意义及防砂的方法。

任务十三　下生产管柱操作

一、实训目的

掌握下生产管柱的施工准备工作，通过仿真系统熟悉现场的操作。

二、实训设备及任务

（1）井下作业仿真操作系统。

（2）熟练掌握下井生产管柱操作流程。

三、实训内容

下生产管柱的程序：起空吊卡；油管挂出立杆盒；上扣；移开卡瓦；下放钻具；连接井口作业

工具;改变立管管汇为循环状态;开泵;观察立管压力,立压不变;改变立管管汇为灌浆状态。

四、实训要求

下生产管柱是指经过清洗、丈量、组配的下井工具,用吊升系统将管柱下入井内的过程。

1.资料

(1)施工设计。

(2)井内油管规格、根数和长度,井下工具名称、规格深度及井下管柱结构示意图。

(3)与下油管有关的井下事故发生时间、事故类型、实物图片及铅印图。

2.施工设备

(1)修井机或通井机必须满足施工提升载荷的技术要求,运转正常,刹车系统灵活可靠。

(2)井架、天车、游动滑车、绷绳、绳卡、死绳头和地锚等,均符合技术要求。

(3)调整井架绷绳,使天车、游动滑车和井口中心在一条垂直线上。

(4)检查动力钳、管钳和吊卡,应满足下油管规范要求。

(5)作业中的修井机或通井机都应安装合格的指重表或拉力计。

3.管材及下井工具

(1)油管、抽油杆、钻杆的规格、数量和钢级应满足工程设计要求,不同钢级和壁厚的管材不能混杂堆放。

(2)清洗油管内外螺纹,检查油管有无弯曲、腐蚀、裂缝、孔洞和螺纹损坏。不合格油管标上明显记号单独摆放,不准下入井内。

(3)用锅炉车清洗油管内外泥砂、结蜡、高凝油等,并涂抹螺纹密封脂。

(4)下井油管必须用油管规通过。

五、操作步骤

(1)按 1 号按钮,开始本次作业。

(2)系统播放井下管柱组合动画。

(3)若大钩高度在 1.5～3 m 之间,按 7 号按钮,大钩自动旋转角度。

若大钩高度未在规定范围内,此操作无法进行,系统将有语音提示。

(4)起空吊卡:

1)上提空吊卡离开井口。

2)当大钩高度到达二层平台(19～20 m)时,停车。

(5)油管挂出立杆盒:

1)参照立柱出立杆盒操作执行。

2)将油管挂从立杆盒上起出,并送回井口与钻具对扣。

(6)上扣。

(7)移开卡瓦:

1)上提钻具,指重表所指悬重变化为整个钻具质量。

2)使气动卡瓦处于松开状态,移开井口卡瓦。

(8)下放钻具:

1)下放钻具到井口。

2)当钻具不能再下放时,指重表所指变为大钩质量,按 2 号按钮,摘开吊卡。

3)使气动卡瓦处于卡紧状态,上井口卡瓦。

4)系统提示"对油管挂密封施压 3 000 psi"和"打开井下安全阀"。

钻具下放接近钻台面时,控制下放速度,缓慢下放。

系统设计大钩高度低于 0.55 m 时,油管挂已在井口,此时不能继续下放。

(9)连接井口作业工具:

1)上提钻具至大钩高度 6 m 以上。

2)按 4 号按钮,将三通、小防喷器、防喷管连接到井口。

(10)按 4 号按钮,播放下堵塞器动画。

(11)改变立管管汇为循环状态。

(12)开泵,立管压力迅速上升,当超过 500 psi 时,过电缆封隔器开始坐封;若立管压力继续上涨到 2 500 psi,须及时关泵。

(13)此时,语音提示"需要稳压",观察立管压力,立压不变。

(14)当语音提示"稳压结束""开始泄压"时,立管压力迅速下降到 0,语音提示"泄压结束"。

(15)改变立管管汇为灌浆状态。

(16)当语音提示"环空验封"时,开泵。套管压力迅速增加,当套压达到 500 psi 并且无泄漏时,语音提示"验封合格"。

环空验封需要缓慢打压,因此泵冲数不要超过 5SPM。

(17)关泵,按 1 号按钮,结束本次作业。

六、思考题

1.分析下生产管柱的施工包括哪些准备工作。

2.叙述下生产管柱的操作注意事项。

任务十四　起钻关井操作

一、实训目的

了解井喷的原因及危害,熟悉起钻关井的操作流程及技术要求。

二、实训设备及任务

(1)井下作业仿真操作系统。

(2)熟练掌握起钻关井操作流程。

三、实训内容

起钻关井操作程序:吊井口油管,移开井口卡瓦,正常起油管,下放空吊卡到钻台面,抢接钻具防喷器,关井,接方钻杆,上扣,改变立管管汇为循环状态,打开考克阀门,关泵,打开环形闸板控制阀,录井,录取立管压力、套管压力、溢流量。

四、实训要求

1. 井喷的原因及危害

地层流体无控制地流入井内的现象称为井喷。井喷是石油或油气开采中非常严重的事故,井下作业时要把工作液注入井中来平衡地层压力,当对地下压力预测不准、注入的井下工作液密度太低或出现地层压力突然变大等情况时,地层中的油气就会大量流入井内而引发井喷。

其危害可概括为六方面:

(1)打乱全面的正常工作秩序,影响全局生产。

(2)使事故复杂化。

(3)井喷失控极易引起火灾和地层塌陷,影响周围千家万户的生命安全。造成环境污染,影响邻近农田水利、渔场、牧场和林场的生产建设。

(4)伤害油气层、破坏地下油气资源。

(5)直接造成设备毁坏、人员伤亡和油气井报废,带来巨大的经济损失。

(6)涉及面广,在国际、国内造成不良的社会影响。

2. 关井方法

发生溢流后有两种关井方法,一是硬关井,二是软关井。硬关井是指一旦发现溢流或井涌,立即关闭防喷器的操作程序。软关井是指发现溢流关井时,先打开节流阀一侧的通道,再关防喷器,最后关闭节流阀的操作程序。

硬关井时,由于关井动作比软关井少,所以关井快,但井控装置受到"水击效应"的作用,特别是高速油气冲向井口时,对井口装置作用力很大,存在一定的危险性。软关井的关井时间长,但它防止了水击效应作用于井口,还可以在关井过程中试关井。

若能做到尽早地发现溢流显示,则硬关井产生的"水击效应"就较弱,按硬关井制定的关井程序比按软关井制定的关井程序简单,控制井口的时间短。但鉴于过去硬关井造成的失误,一般推荐采用软关井方式。

五、操作步骤

(1)按 1 号按钮,开始本次作业。

(2)吊井口油管:

1)将大钩下放到 0.4 m 以下。

2)按 2 号按钮,吊环吊上井口钻具。

(3)移开井口卡瓦:

1)上提钻具,指重表所指悬重变化为整个钻具质量。

2)使气动卡瓦处于松开状态,移开井口卡瓦。

系统设计上提钻具至大钩高度 2 m 以上,未开计量泵,作业将异常结束。

若上提钻具至大钩高度 3 m 以上,未执行移开井口卡瓦操作,系统将不允许再上提。

(4)正常起油管:

1)上提钻具至合适位置(大钩高度为 19.95～20.05 m 之间)。在上提过程中,注意观察泥浆池体积增量的情况,若出现变化,则表明可能出现溢流,应立即关井。转至执行步骤(6)。

2)使气动卡瓦处于卡紧状态,将卡瓦移动到井口。

3)松开刹把,指重表所指悬重变化为大钩质量。

4)卸扣。

5)上提钻具至 18～21 m 之间,执行立柱进立杆盒操作。

系统设计为在起钻 1～3 柱的过程中随机发生溢流。

发现溢流时,需要立即报警。

(5)下放空吊卡到钻台面,返回步骤(2),继续起第二柱油管。

(6)抢接钻具防喷器:

1)发出警报。

2)迅速下放钻具到井口(顶驱高度为 0.4～0.5 m 之间)。

3)使气动卡瓦处于卡紧状态,上井口卡瓦。

4)松开刹把,指重表所指悬重变化为顶驱质量。

5)按 2 号按钮,摘开吊卡。

6)上提大钩至 2.8 m 以上。

7)按 5 号按钮,抢接考克。

8)将大铅离合头和上扣处于合扣位置,将考克旋紧。

9)按 5 号按钮,关闭考克阀门。

(7)关井:

1)在防喷器控制台上,打开防喷阀,实现软关井。

2)关闭环形闸板控制阀。

3)关闭上半封闸板控制阀。

4)在阻流器控制台上,关闭节流阀,使其减小到 0。

(8)接方钻杆:

1)上提钻具至 2～3 m 之间,按 7 号按钮,大钩旋转角度。

2)按 3 号按钮,大钩到大鼠洞吊上方钻杆。

3)上提钻具,当大钩在高度 14.5～16 m 之间时,按 2 号按钮,大钩回到井口与钻具对接。

(9)上扣。

(10)改变立管管汇为循环状态。

(11)按 5 号按钮,打开考克阀门。

(12)开泵,当发现套管压力值增长时,关泵。

(13)打开环形闸板控制阀。

(14)录井:按 7 号按钮,录取立管压力,套管压力,溢流量。

(15)按 1 号按钮,结束本次作业。

作业注意事项:发生井喷后,如果井内有电缆或液控管线,应先剪断,再实施关井。

六、思考题

在什么情况下需要进行起钻关井?

项目四　压裂酸化工艺仿真

任务一　压裂酸化施工工艺

一、实训目的

掌握常规压裂与酸化的施工工艺流程,模拟施工过程中出现的故障及处理方法。

二、实训条件

(1)压裂酸化工艺模拟培训系统。

(2)实训工厂及压裂酸化设备模型。

三、实训内容

1. 实训基本原理

(1)油层压裂的目的。

1)改造低渗透油层的物理性质,降低流动阻力,提高油井的产油能力。

2)减缓层间矛盾,使高、中、低渗透率的油层都能合理开采,提高油井利用率。

3)压裂可以解除近井地带的堵塞和油层污染。

4)压裂是油井增产的主要措施。

5)油层压裂基本原理。

油层压裂是利用液体传递压力,把压裂车产生的高压传递到井底附近。在具有一定黏度的压裂液注入井底附近后,压力有一个持续升高的过程,压力较低时油层吸入液体,当注入速度大于油层吸入速度时,多余的液体就在油层附近憋成高压。当此压力超过地层破裂压力时,油层就会在最薄弱的地方开始破裂形成一条或数条裂缝,继续注入携带有高强度固体颗粒的压裂液扩展裂缝并使之充填。停泵卸压后,由于固体颗粒——支撑剂的支撑作用,裂缝不闭合或不完全闭合。在地层中形成一条有足够长度、宽度和高度的填砂裂缝,裂缝具有很高的渗透能力,扩大了油、气、水的渗滤面积,油、气可畅流入井,同样注入水也可顺利注入地层中,如图4-1所示。

(2)相关技术术语。

1)破裂压力。指油层开时的井底压力。它取决于油层深度、油层性质、油层原始裂缝发育情况等因素。

2)含砂比。支撑剂与携砂液之比。含砂比过高或过低对压裂效果都有不良影响。含砂比的大小主要根据砂粒直径、携砂液性能、裂缝渗透性及液体流速等因素确定。

3)压裂液用量。它是指前置液、携砂液、顶替液三部分液量的总和。

4)前置液。压开裂缝之前所用液体。其作用为压开地层延伸裂缝,并保持裂缝具有足够的长度和宽度,同时起降温冷却地层的作用。其用量应从液体性质、地层吸收能力以及压裂方式等方面考虑。

5)携砂液。指携带支撑剂进入裂缝并扩展和延伸裂缝的液体。其用量可根据砂量、含砂比计算出来。

6)顶替液(后置液)。指将注入井筒内的携砂液顶替入地层的液体。其用量如果不足会造成砂子在管柱内沉积形成砂堵,用量过多会将砂子推向地层深处,使近井地带的裂缝消失。

7)压裂方式。指单层压裂(分层压裂)或笼统压裂(合层压裂)等几种管柱形式。在发挥现有设备能力,取得最好效果的原则下,应根据地层破裂压力、固井质量、套管强度及本油区的现场经验确定采取何种压裂方式。

8)压裂车组。根据压裂施工的设计压力和排量所需的功率确定使用压裂车数量。混砂车数量根据压裂排量、压裂方式等确定。

9)支撑剂。指用来支撑裂缝的固体颗粒。支撑剂要有一定抗压强度,颗粒要有硬度、粒度,还要有一定的密度。支撑剂主要有石英砂、陶粒砂、核桃壳等。

(3)酸化施工原理。

酸化就是以酸作工作液对油、气(水)井进行的增产(注)措施的统称。酸化处理是油、气、水井的有效增产措施之一。它可以解除或者缓解完井及生产过程中,完井液或注水管线腐蚀后生成的氧化铁和细菌繁殖对地层的污染堵塞。它是利用酸液能溶解地层中的酸溶性矿物质和外来物质,溶蚀地层中孔隙或天然(水力)裂缝壁面岩石矿物的特性,增加地层中孔隙、裂缝的流动能力,改善油、气、水的流动状况,从而达到增加油、气井产量和注水井注入量的目的。

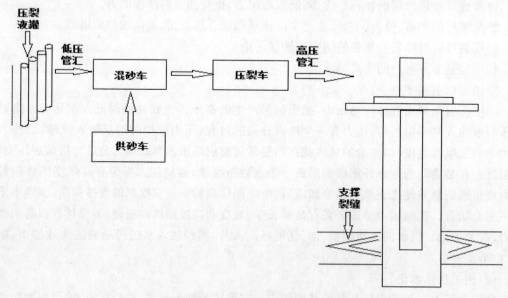

图 4-1 压裂工艺原理

2. 压裂施工

压裂施工程序主要包括试循环、设备试运转(试压)、试挤、压裂、加支撑剂、替挤、关井、返排、施工总结报告。压裂施工工艺流程为循环→试挤→压裂→加砂→替挤→扩散压力→施工结束。压裂施工时液体的流动过程是液罐→混砂车→泵车→管汇→井口→管柱→喷砂器→油套环空→炮眼→地层。

（1）试循环。

鉴定各设备性能，检查管线是否通畅。将压裂液由液罐车打到压裂车再返回液罐车，循环路线是液罐车 → 混砂车→ 低压管汇→ 压裂车→高压管汇→ 液罐车。用于检查压裂泵上水情况及管线连接情况，循环时要逐车逐挡进行，以出口排量正常为合格。

（2）设备试运转（试压）。

关闭井口阀门，对所有的施工管线进行最高限压试验。在最高限压下，压力稳定至少1 min，系统设备没有渗漏，就说明设备和注入系统合格，可以进行施工，否则必须进行紧固或更换相关部件。

（3）试挤。

试压合格后，打开总闸门，用1~2台压裂车将试挤液挤入油层，直到压力稳定为止。目的是检查井下管柱及井下工具是否正常，掌握油层的吸水能力。

（4）压裂。

在试挤压力与排量稳定后，同时启动全部车辆向井内高速注入压裂液，使井底压力迅速升高，当井底压力超过地层破裂压力时，地层就会形成裂缝。

（5）加支撑剂。

在地层被压开裂缝，待压力、排量稳定后即可加支撑剂。开始混砂比要小，控制在5%~7%，砂子进入裂缝后，再相应提高混砂比。一般混砂比可在15%~30%之间。用高黏度压裂液时，混砂比可提高到40%~50%。

（6）替挤。

预计加砂量全部加完后，立即泵入顶替液，把地面管线及井筒中的携砂液全部顶替到裂缝中去，防止余砂沉积井底形成砂卡。但顶替液不可过量，一般替挤量为地面管线和井筒容积的1.5倍。

在替挤过程中，随携砂液进入地层，井筒液体相对密度下降，泵压上升，为使裂缝不闭合，应适当增加排量，消除因泵压上升而使排量下降的影响。

（7）关井。

压裂结束，要关井一段时间。关井时间长短取决于最后泵入胶液的破胶时间和裂缝闭合时间。在进行返排以前，需满足这两个时间，对于胶液应在近似于井下温度剖面的情况下进行破胶试验，确定压裂液在地层温度下破胶时间。当压裂液破胶时，进行返排才安全。

（8）返排。

返排工作应按设计所确定的排量对井进行返排，防止从裂缝中排出油气。另外要注意破胶不充分的胶液从井筒中带出支撑剂，造成严重的磨损。在返排期间，要使井口上的油管/套管环空阀门稍微打开，当返排液体加热环空中的液体时，阀门可以泄压。如果环空阀门关闭，由于温度上升，会造成环空压力上升，从而造成油管挤扁或套管破裂。

（9）施工总结报告。

压裂施工结束后，要填写有关质量控制和检查报告，记录有关现场不同设备的操作运行情况及监测压裂液和支撑剂性能和一般施工过程的数据。

3.酸化施工

酸化施工包括清水走泵、试压、替酸、坐封封隔器、挤酸、顶替、关井反应、返排、施工总结报告,其工艺原理与压裂相似,不同之处是酸化不需要混砂车。

(1)清水走泵。

清水走泵及试循环,工艺要求同压裂。

(2)试压。

试压也叫设备试运转,工艺要求同压裂。

(3)替酸。

用酸液或前置液充满井筒油管和封隔器以下套管环空的替置过程称为替酸。在此过程中,井内油管中原充满的液体(一般为清水)应通过油套环形空间排出地面。因此,在整个低压替酸过程中封隔器不能启动。如施工使用的封隔器为水力扩张或水力压缩式封隔器,应严格控制替液排量,以井口泵压表不起压为准。

(4)坐封封隔器。

替酸完成后,应及时使封隔器正常工作,密封油套环形空间。否则,油管内的酸液会因密度差产生的压差而流入环形空间,并腐蚀套管,或进入其他不酸化层位,影响酸化效果。

(5)挤酸。

在判明井下封隔器已工作正常后,就应将泵注排量快速安全地提高到设计水平。并调节好同时泵入的添加剂(如交联剂、气体、降滤剂等)的加入速度,使之达到设计要求。

(6)注入排量。

注入排量一定要尽可能控制在设计规定的范围内,并保持稳定。

(7)液体的交替。

当一次施工须注入几种工作液(前置液、酸液和后冲洗液等)或几罐工作液时,在连续注入的前提下,切换注入液体应注意控制好两点:一是不可使两种液体混合太多,而使液体切换失去意义;二是避免供液不足引起的排量下降,甚至可能的"走空泵"现象。

(8)顶替。

注完酸液后,应当严格按设计要求注入顶替液。一般酸化施工的顶替液量都会超过井筒体积(某些解堵、清垢型酸化例外,具体的顶替液量因地层和工艺方法的不同,在设计时经计算和经验确定),其目的是将井内所有的酸性液体都顶入地层直至反应完毕。

在进行上述步骤时,如设计中有混氮、投球、加暂堵剂等工序,应按设计要求顺序进行。

(9)关井反应。

关井反应是保证施工效果的重要步骤。关井反应是为了保证酸液同地层堵塞物和地层矿物进行充分反应,以最大发挥酸液的活性。关井反应时间依据酸液的不同和地层温度确定。

(10)返排。

关井反应后应尽快换装成排液井口或直接接通排液管线。关井反应完毕后,应立刻进行酸液返排。只要施工设计无特殊要求、地层不出砂、不存在坍塌等危险,开井速度可适当加快,以利用快速防喷形成的抽汲效应把尽可能多的残酸排出地层。

(11)施工总结报告。

酸化施工结束后,要填写有关质量控制和检查报告,记录有关现场不同设备的操作运行情况及监测酸液、液氮性能和一般施工过程的数据。

四、思考题

常规压裂酸化施工工序是什么？

任务二 压裂酸化地面设备

一、实训目的

了解压裂酸化地面设备的组成和使用性能参数,熟悉压裂酸化设备的操作规程,学习处理使用过程中常见故障。

二、实训条件

(1)压裂酸化工艺模拟培训系统。

(2)压裂酸化设备模型。

三、实训内容

1.地面设备

(1)压裂井口装置。

压裂井口装置是压裂施工的主要设备之一,它的承压能力必须满足设计中的最高施工泵压,以保证压裂施工顺利、安全地进行。

(2)投球器。

投球器是进行分层压裂施工时向井内投入钢球的一种地面工具,一般安装在压裂井口装置的前一级,用油壬连接。它的承压能力必须满足设计中的最高施工泵压。

投球器主要由投球体、投球杆、丝堵等组成。在投球体中可根据需要放置不同直径的钢球,分层压裂时按顺序投入井中。

(3)活动弯头、油壬。

活动弯头、油壬是将地面设备和压裂车组连接起来的管件。

(4)蜡球管汇。

蜡球管汇是可与地面管线和压裂管汇连接的地面用具。通过压裂车泵注将容器中盛储的蜡球注入施工井,如图 4-2 所示。

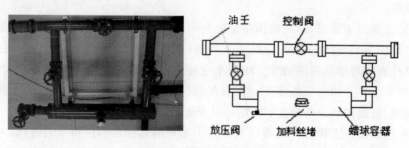

图 4-2 蜡球管汇结构图

蜡球管汇主要由蜡球容器、控制阀、油壬组成。控制阀控制进出液。压裂准备时,关闭容器两端进出口控制阀,卸下容器上丝堵,加入所需量蜡球后拧紧丝堵待用,当泵注蜡球时关闭与地面管线连通控制阀,打开进出口控制阀,泵注后及时关闭进出口控制阀,打开与地面管线连通控制阀、容器上放压阀。

(5)砂浓缩器。

砂浓缩器由砂浆液入口、滤网、浓缩砂浆出口、液体排出口、表面活性剂入口、氮气入口、泡沫出口组成。其作用是在泵送设备的下游把液体滤出一部分,然后再使高浓度砂浆与氮气混合形成泡沫。

(6)压裂管汇。

压裂管汇(高压管汇)是地面管线与多台压裂车连接的地面用具。将压裂车泵出的液体汇集注入压裂井的目的层,因此要求它具有耐高压、摩阻小的特点。

压裂管汇主要由主体、控制阀、油壬组成,成树叉形。树叉形主体采用优质合金钢管焊接而成或由锻制三通组成。控制阀常采用球阀和旋塞阀。压裂施工时压裂车与控制阀端、地面管线由油壬连接。放空阀起排出管汇内余压和余液的作用,如图 4-3 所示。

图 4-3 压裂管汇

(7)储液罐。

储液罐即压裂液罐,是用于存放压裂液的容器,其体积一般为 20~40 m^3,按结构可分为立式和卧式两种。

2.水力压裂设备

(1)压裂车。

压裂车是压裂的主要设备,它的作用是向井内注入高压、大排量的压裂液,在油、水层造成人工裂缝,将地层压开,并向裂缝里注入带支撑剂(如石英砂、陶粒等)的混合液,支撑住已形成的裂缝,提高井底附近地层的渗透率。压裂车主要由运载、动力、传动、泵体等四大件组成。压裂泵是压裂车的工作主机。现场施工对压裂车的技术性能要求很高,压裂车必须具有压力高、排量大、耐腐蚀、抗磨损性强等特点,如图 4-4 所示。

压裂泵车的压裂作业操作在远离压裂车几十米外的遥控台和仪器车上进行。在整车主控台、远程遥控台的操作面板上装有发动机综合显示仪(EDM),柱塞泵排出压力表、排量表、油压表、油温表传动箱油压表、油温表,启动油压表,以及发动机油门控制和液力机械传动箱换挡装置,指示灯等,以便控制。

　　该车还装有自动超压保护装置,当柱塞泵的实际排出压力超过预先设定的压力值时,该装置起作用,使柴油机处于怠速运转,柱塞泵停止工作,以确保设备和人身安全。

图 4 - 4　压裂车

　　车台柴油机的油门,借助于传感器,能在遥控箱上灵活地加以控制。柴油机的启动和熄火可以通过遥控箱控制。

　　主控台、柱塞泵上均装有照明灯,以便在夜间进行压裂施工作业。

　　压裂泵的吸入口装有 4" 蝶阀,设计为两只,分别装于车后两侧,离地高度适当。吸入管汇上装有一个吸入稳压空气包,可以减少三缸泵工作时吸入液体对泵头体造成的冲击。压裂泵出口为高压,采用钢管及油壬弯头连接方式。

　　(2)混砂车。

　　混砂车的作用:一是将液体和支撑剂按一定比例混合后,再向压裂泵或压裂车输送;二是为泵车提供充足的液体。它的结构主要由传动、供液和输砂系统三部分组成,是压裂施工中不可缺少的关键设备之一。目前,我国各油田使用的混砂车为机械绞龙式混砂车,如图 4 - 5 所示。

图 4 - 5　混砂车

　　正常作业时,混砂车将配制好的压裂液,经吸入供液泵送至混合罐内,与交联泵系统所提供的其他压裂所需的辅助剂混合后,经排出砂泵排出至压裂车。车台发动机的控制机构、指示仪表、各油泵压力表以及显示混砂车工况的计量仪表均安装在操作仪表台上,通过信号传输,混砂车与仪表台软件互动,这样就能实现发动机的启动、调速、停机以及掌握发动机与油泵的运转情况。在仪表台上还可同时控制混砂车各部位,了解其工况,实现集中控制。操作台上还安装有液位自动控制系统等,方便于整体施工操作。

(3)主要设备工作流程。

1)管路系统——吸入管及管路。

整个系统由吸入供液泵、吸入管汇、蝶阀、流量计等组成,由其完成压裂液的吸入,吸入管有 3 个。进口为消防快接头;吸入泵出口由 DN40 蝶阀控制的旁通管路,直通引到排出口处,出口为 3 组消防快接头,它可以不经过混合罐将液罐中抑制性酸液和其他物质直接泵入压裂车。

吸入泵装在本套设备的右侧,采用电驱动的方式(现场为液压马达驱动,离心式分离泵),可以以 7 m³/min 的速度向混合罐供液。

吸入泵与混合罐之间装有清水流量计,流量计上带有相应的传感器和电缆,将吸入液量信号传递到仪表台和仪表车上,如图 4-6 所示。

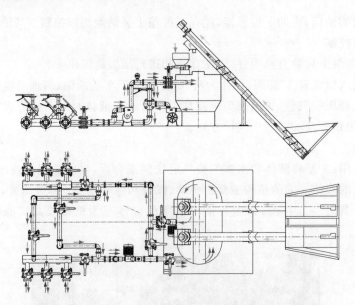

图 4-6　混砂车整车流程图

2)管路系统——排出管及管路。

整个系统由排出供液泵、排出管汇、蝶阀、流量计、密度计等组成,由其完成压裂液的排出,排出管有 3 个。出口为消防快接头;排出泵出口由 DN40 蝶阀控制的旁通管路,直通引到吸入口处,吸入口为 3 组消防快接头,可以实现左吸入右排出,右吸入左排出。

排出泵装在本套设备混砂罐的后方,采用电驱动的方式(现场为液压马达驱动,离心式分离泵),可以以 7 m³/min 的速度向泵车供液。

在排出口的管路上装有排出流量计,流量计上带有相应的传感器,可以通过传感器信号将排出液量传送给仪表台和仪表车。流量计后方还装有一个密度计,可以在仪表台上监控混砂液的密度,它可以计量混砂液的密度范围是 0~2.4 kg/L。

该管路系统通过控制阀门的切换,可实现双吸双排的功能。

3)混合罐。

混合罐主要由罐体、轴承座总成、搅拌轴、搅拌叶轮、法兰、联轴器和液压马达支架组成,用来完成压裂液的存储、混合和搅拌。吸入供液泵供来的液体经罐体的清水室滞留后进入搅拌室与液体添加剂搅拌后,由排出泵将混合好的液体经罐体的底部排出。

4)螺旋输砂器。

螺旋输砂器由绞龙外壳、左右砂斗、绞龙、支承台、输砂管支座、绞龙电机、起升油缸等组成。本模型采用电驱动方式(有液力驱动的,可分别调速的双筒左右螺旋输砂器),左、右绞龙轴由钢板卷制成的叶片与钢管焊接而成。该输砂器的控制采用独立的工作方式,在输砂量小于 $1.75\ m^3/min$ 的时候,可使用单筒工作。

混砂车在运输过程中,输砂器可以起升到合适位置后固定,便于运输。螺旋输砂器的砂斗为两个,实际作业时可由油缸带动砂斗左右分开,以便于两台砂车对其连续加砂,如图4-7所示。

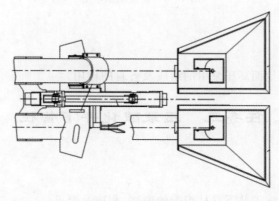

图4-7　输砂绞龙

绞龙轴上装有计量齿轮,通过传感器和电缆将输砂信号传递到仪表台和仪表车上。瞬时砂量和累计砂量可从仪表台上的数显表直接读出。

本模型绞龙轴由电机驱动,通过联轴器连接,转速范围为 $60\sim400\ r/min$,最大输砂量为 $3\ m^3/min$(两个输砂器同时工作)。

5)液氮车。

液氮车是一种独立的液氮储运、泵注及转换装置,该车能在低压状态下短期存储和运输液氮,并能把低压液氮转换为高压液氮或高压常温液氮排出。该车主要由液氮储罐、高压液氮罐、液氮蒸发器、卡车底盘组成,如图4-8所示。

液氮车施工作业主要内容为混氮气增能压裂、混氮气增能酸化、氮气气举等。混氮压裂、酸化技术是特种作业技术与压裂酸化工艺融合创新发展而成的新型压裂工艺技术,充分应用了氮气的隔离、降滤、降压、增能作用,能有效提高压后返排率,特别适用于对低压、低渗、低孔的"三低"油藏储层的压裂改造施工作业。

液氮车主要由液氮存储罐、液氮泵动力系统、低压增压泵、高压三缸液氮泵、直燃式高压蒸发器、控制系统等几部分组成。施工过程中,液氮罐中的液氮增压后经过低压罐注泵泵送到三缸泵,发动机带动变矩器驱动高压三缸泵压缩液氮,高压液氮经过蒸发器吸收热量转化成高压氮气,经过高压氮气出口输出。低压罐注泵、蒸发器风扇、三缸泵润滑等动力系统由液压泵提供动力,工作稳定可靠。

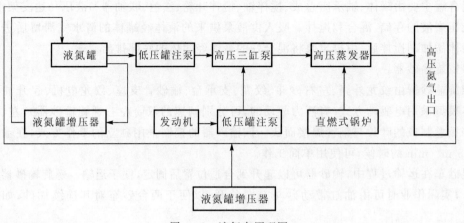

图 4-8　液氮车原理图

四、思考题

简述常规压裂现场地面高压泵组的组成及各自的作用。

任务三　压裂酸化井下管柱

一、实训目的

掌握常用压裂酸化施工井下管柱组配的方法、程序及要求。

二、实训条件

(1)压裂酸化工艺模拟培训系统。
(2)压裂酸化井下工具模型。

三、实训内容

1.防顶卡瓦

防顶卡瓦是井下安装工具,用于阻止封隔器上窜引起坐封效果不好及泵筒受力变形。

坐卡:从连杆孔内投入钢球,坐封于连杆接头锥孔座上,由油管内加液压,液压力推动锥体下行,销钉被剪断,使卡瓦牙胀出工具本体咬紧套管内壁,完成工具安装。

丢手:上提管柱,丢手接头的弹性爪沿上接头内锥面收缩并与之脱开,连杆、连杆接头、护套随之上提,脱开防顶卡瓦。

解卡:下入对扣捞矛,使卡瓦牙与防顶卡瓦锥体母扣对接,上提钻具,锥体上移,防顶卡瓦失去内支撑而回缩,实现解卡。

2.爆破滑套

爆破滑套用于分层采油做油套管通道开关,主要由主体、滑套芯子和爆破皮组成。分层采油时,当有开启该油层油套管通道要求时,从套管开泵憋压实施爆破,打开油套管通道;当需要关闭油套管通道时,可从油管内投入钢球,坐封于滑套芯子上,开泵从油管憋压,滑套芯子下行,销钉被剪断,滑套芯子堵住油套管通道口,油套管通道被关闭。

3.K341型封隔器

K341型封隔器无支撑,液压坐封,上提解封,属密闭扩张式裸眼封隔器。

坐封:封隔器下至设计位置后,从油管加液压,通过下接头上的单流阀作用在下胶筒座上,液压力推动下胶筒座上行,压缩封隔器胶筒,使胶筒径向胀开密封油套管环形空间,由于单流阀的作用泄压后液压油不能回流,防止封隔器回弹,实现坐封。

解封:上提管柱,销钉被剪断,活塞在液压力的作用下上行,液压油通过上胶筒座上的泄油孔被排出,下胶筒座腔室内压力降低,封隔器胶筒回缩,实现解封。

4.喷砂器

喷砂器用于分层压裂。工作时,从油管内投入钢球,坐于滑套上,从油管开泵憋压,滑套下行,销钉被剪断,当压裂压力达到一定值时,阀压缩弹簧开启,实现分层压裂。

5.固定球座

球座主要起单流阀的作用,用于坐封封隔器。其原理为球与球座间锥形密封面形成密封,使流体只能单向流动。

6.水力锚

水力锚是液压油管锚定工具,用于油、水井采油、注水、压裂等施工时锚定管柱,防止油管与套管产生相对位移。它主要由锚爪、锚体等部分组成。

工作时,当油套管之间产生一定压差时,锚爪自动伸出,卡在套管内壁上,锚定管柱。油套管压差消失后,锚爪在弹簧的作用下收回复位,解除管柱锚定。

7.Y341型封隔器

Y341型封隔器是液压压缩式封隔器,它采用液压平衡方式,提高了封隔器的双向承压能力。采用液压坐封,上提管柱解封。

坐封:封隔器下至设计位置后,从油管加液压,液压力推动活塞上行,活塞推动工作筒、承压套、压缩封隔器胶筒,使胶筒径向胀开密封油套管环形空间,泄压后卡环卡在锁套上将其锁紧,防止封隔器回弹,实现坐封。

解封:上提管柱,中心管随管柱一起上行,销钉被剪断,封隔器胶筒复位,实现解封。

8.常关滑套

常关滑套是连接油管和油套管环形空间通道的开关,主要由滑套和滑套芯子组成。正常情况下,油管和油套管环形空间的通道处于关闭状态;当需要打开此通道时,从油管内投入钢球,坐于滑套芯子的内锥面上,开泵从油管内憋压,液压力推动滑套芯子下行,销钉被剪断,油管和油套管环形空间通道被打开。

9.导向丝堵

导向丝堵就是在油田油井找水工作中,安装于管柱末端,防止管柱泄漏,并引导油水流动的管件,通常安装在油管的末端,起密封和导流作用。

10.丢手接头

丢手接头用于井下丢手管柱。丢手管柱下至设计位置后,从油管内投入钢球,坐于滑套芯子上,开泵从油管内憋压,当压力达到一定值时,滑套芯子下行,销钉剪断,此时,锁球正好对准滑套芯子的环形槽,使锁球失去内支撑,油套管连通,压力突降。然后上提油管柱带动上接头、滑套芯子与密封套上行,从而将下接头及其以下管柱丢于井内。

11. 空心配水器

空心配水器用于井下分层注水,一般与封隔器配套使用,主要由配水机构和控制机构组成,其中配水机构包括滑套芯子和水嘴,控制机构包括凡尔和弹簧等。

注水时,高压水从上接头进入中心管,通过滑套芯子上的水嘴以及中心管上的出水孔进入下接头的内腔,当水的压力大于弹簧力时,凡尔开启,注水通道被打开,配水器实现注水。其中注水量由水嘴进行调控。当停止注水时,凡尔在弹簧力的作用下关闭,注水通道被切断。

12. Y211 型封隔器

Y211 型封隔器属卡瓦支撑式封隔器,主要由密封、卡瓦支撑、扶正装置、轨道换向 4 部分组成。

坐封:封隔器下井时,轨道销钉处于下中心管的短轨道上死点,卡瓦被锁球锁在下中心管上,保证顺利下井。当下至设计位置时,上提油管一定高度,轨道销钉滑入短轨道下死点,下放管柱,轨道销钉在扶正体与套管摩擦力的作用下滑入长轨道并相对下中心管上移,同时带动顶套推动挡球套上移,使锁球脱离下中心管而使卡瓦与锥体产生相对运动,卡瓦张开在套管内壁上形成支撑点,同时管柱的部分重力压在封隔器的胶筒上使胶筒径向胀开密封油套管环形空间。

解封:上提管柱,胶筒回缩,即可取出封隔器。

四、思考题

常规分层压裂井下管柱组配顺序及各组成工具的作用是什么?

任务四　压裂酸化仿真系统操作

一、实训目的

通过仿真系统熟悉四种压裂工艺的施工操作,熟悉仪表设备操作。

二、实训条件

压裂酸化仿真系统。

三、实训内容

1. 仿真系统综述

仿真系统是纯软件模拟型的实训系统。在此模式下,用户使用鼠标点击代替手动开关阀门来进行操作。仿真系统的内容与实训系统相同,也分为压裂仪表设备操作、常规压裂工艺、分层压裂工艺、限流压裂工艺、平衡压裂工艺 5 部分。此模式无需现场设备处于工作状态,可以在压裂车和混砂车仪表控制台电源关闭的状态下进行操作。

压裂仪表设备操作包括压裂车仪表控制台和混砂车仪表控制台。混砂车仪表控制台模拟了一台混砂车的仪表参数和操作,压裂车仪表控制台模拟了两台压裂车的仪表参数和操作。

在主菜单中点击子菜单选项打开的"压裂车仪表控制台"和"混砂车仪表控制台"仅仅作为展示压裂车操作和混砂车操作的演示画面。如果在工艺中有牵扯到压裂车和混砂车的操作请在工艺演示的操作画面中点击链接按钮,如果不慎操作错误,工艺中的仪表参数将丢失。

2.压裂车仪表控制台

如图 4-9 所示,两个方框内各模拟了一台压裂车。

图 4-9　模拟压裂车仪表控制台

(1)功能:模拟压裂车启动、加油门油量、停止、调压力排量等操作。

(2)压裂车启动操作:挂空挡——降低油门油量(数值 10 以下)——关闭熄火、复位按钮——按住启动按钮——自检灯亮起——(听到启动声音)——自检灯熄灭——上挡——调节油门——模拟流量、压力等参数——启动。

(3)压裂车停止:降低油门油量——挂空挡——打开熄火或复位按钮——停车。

(4)自检灯检测:点击各自检灯——压裂车将亮起相应的灯指示。打开"灯实验"开关将演示自检灯 3 次闪灭的自检过程,如图 4-10 所示。

图 4-10　自检灯检测

仿真系统中本画面标题条的最后有辅助按钮,可以实现投影仪表界面、熄火、复位等功能,投影后将显示在右侧屏幕和投影仪中。混砂车仪表控制台的标题条后也具有相似功能的按钮。

3.混砂车仪表控制台

如图 4-11 所示,混砂车仪表控制台模拟了一台混砂车。

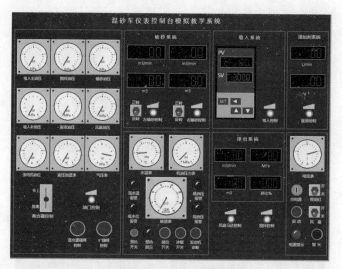

图 4-11 模拟混砂车仪表控制台

(1)功能:模拟混砂车启动、调节混砂比、左右输砂流量、吸入系统流量、添加剂系统流量、输砂流量,模拟各种超温、超压报警等操作。

(2)混砂车启动操作:降低油门油量——点击启动按钮——混砂车仪表赋初值——合上离合——调节油门油量——调节左右输砂控制——调节吸入控制——调节添加剂控制——启动。

(3)压裂车停止:降低油门油量——拉下离合——点击熄火按钮——各调节控制复位——停车。

(4)报警模拟:调节水温、油温——模拟报警;点击各按钮——模拟各指示灯开关状态。

4.工艺操作

本系统介绍了常见的压裂工艺,分别是常规压裂工艺、分层压裂工艺、限流压裂工艺、平衡压裂工艺共计 4 种。每种工艺基本上都分为试循环、试压、试挤、压裂、加砂、替挤、活动管柱、关井、返排等 9 步工序。地面阀门及仪表控制台的操作大同小异,在此做统一介绍。如图 4-12所示,每个工序的操作都在左侧画面中完成,而动画交互的结果将在右侧交互动画窗口中显示。

以下操作步骤各阀门编号详见压裂酸化仿真操作说明书。

在左侧画面中有三个按钮,"动画交互窗口"指的是初始开启时默认的右侧的动画窗口,"混砂车仪表控制台"指的是混砂车操作界面,"压裂车仪表控制台"指的是压裂车仪表操作界面。在工艺中涉及压裂车及混砂车的操作点击此处按钮完成。如果使用了主菜单中的选项,数据将丢失。

工艺为连续的工序过程,例如,试循环之后直接双击试压继续进行。

(1)试循环:试循环工艺演示的是压裂用液从储罐经过混砂车到低压管汇并经过压裂车泵打入高压管汇最终在砂浓缩器处导入循环液池的过程,用来测试管路是否畅通。

其典型的操作如下,其中每车管路之间不分先后顺序。

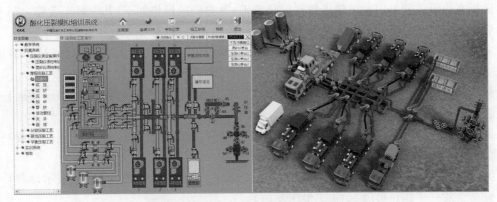

图 4-12 仿真系统压裂工艺流程图

混砂车启动——压裂车启动。

打开阀门 4,5——打开阀门 1,12 或打开阀门 2,11——打开车内视图——打开阀门 13——打开阀门 17。

打开阀门 20 和 23 或打开阀门 21 和 24 或打开阀门 22 和 25——打开阀门 58(流程无)。

打开阀门 27 和 39——启动压裂车泵 4——4 车试循环——停压裂车泵——(关闭阀门 27 和 39)。

打开阀门 26 和 36——启动压裂车泵 1——1 车试循环——停压裂车泵——(关闭阀门 26 和 36)。

打开阀门 31 和 40——启动压裂车泵 5——5 车试循环——停压裂车泵——(关闭阀门 31 和 40)。

打开阀门 30 和 37——启动压裂车泵 2——2 车试循环——停压裂车泵——(关闭阀门 30 和 37)。

打开阀门 35 和 41——启动压裂车泵 6——6 车试循环——停压裂车泵——(关闭阀门 35 和 41)。

打开阀门 32 和 38——启动压裂车泵 3——3 车试循环——停压裂车泵——(关闭阀门 32 和 38);结束(关闭各处阀门)。

启动压裂车 1,2,3,4,5,6:

挂空挡——降低油门油量——选择启动压裂车——自检灯亮——听到启动声音——上挡——加油门油量——车已启动。

启动压裂车请点击"压裂仪表控制台"按钮,打开相应显示画面。

启动混砂车:

降低油门油量——点击启动按钮——混砂车仪表赋初值——合上离合——调节油门油量——调节左右输砂控制——调节吸入控制——调节添加剂控制——启动。

流程演示:

打开阀门将显示阀门开闭的动画,开车将出现车开启的交互效果,打通阀门并正确开车后开泵将出现以水流代表的工艺演示。打开低压管汇模拟泄漏阀门(阀门 29)——模拟报警。

(2)试压:试压工艺演示的是压裂用液从储罐经过混砂车到低压管汇并经过压裂车泵打入高压管汇经过砂浓缩器和蜡球管汇到达井口的过程,用来测试地面管线连接的受压状况。

试压完毕后将管汇内的液体排放到循环液池；其典型的操作如下，其中每车管路之间不分先后顺序。或者在打开一个车的基础上再开另外的车及其泵，有压力叠加效果。

关闭阀门 58（流程无）——上步关则继续打开阀门 62——启动压裂车 6 泵（试压演示动画）——停压裂车 6 泵——打开阀门 58 流程无（6 车泄压动画）。

关闭阀门 58——打开阀门 36——打开阀门 26——启动压裂车 1 泵（试压演示动画）——停压裂车 1 泵——打开阀门 58（1 车泄压动画）。

关闭阀门 58——打开阀门 37——打开阀门 30——启动压裂车 2 泵（试压演示动画）——停压裂车 2 泵——打开阀门 58（2 车泄压动画）。

关闭阀门 58——打开阀门 32——打开阀门 38——启动压裂车 3 泵（试压演示动画）——停压裂车 3 泵——打开阀门 58（3 车泄压动画）。

关闭阀门 58——打开阀门 27——打开阀门 39——启动压裂车 4 泵（试压演示动画）——停压裂车 4 泵——打开阀门 58（4 车泄压动画）。

关闭阀门 58——打开阀门 31——打开阀门 40——启动压裂车 5 泵（试压演示动画）——停压裂车 5 泵——打开阀门 58（5 车泄压动画）。

关闭阀门 58——打开阀门 35——打开阀门 41——启动压裂车 6 泵（试压演示动画）——停压裂车 6 泵——打开阀门 58（6 车泄压动画）。

压裂车未启动时，压裂车泵不能启动。

流程演示：

打开阀门将显示阀门开闭的动画，开车将出现车开启的交互效果，打通阀门并正确开车后开泵将出现以水流代表的工艺演示。打开低压管汇模拟泄漏阀门（阀门 62）——模拟报警。

（3）试挤：试挤工艺演示的是压裂用液从储罐经过混砂车到低压管汇并经过压裂车泵打入高压管汇经过砂浓缩器和蜡球管汇并注入井下地层的过程（包括地层动画仿真），此工艺在压裂工程中用来测试目的地层的受力情况。

试挤工艺的一个典型操作如下，操作之间不分先后顺序。或者在打开一个车的基础上再开另外的车及其泵，有压力叠加效果。

混砂车启动——压裂车启动。连续操作时如果上步工艺打开了一些过程则请跳过即可。

打开阀门 4,5——打开阀门 1,12 或打开阀门 2,11——打开车内视图——打开阀门 13——打开阀门 17。

打开阀门 23 和 20，或打开阀门 21 和 24，或打开阀门 22 和 25——打开阀门 62。

打开阀门 46——打开阀门 47——开压裂车 1 泵——（试挤演示）。

停压裂车 1 泵——试挤交互动画结束。

流程演示：

打开阀门将显示阀门开闭的动画，开车将出现车开启的交互效果，打通阀门并正确开车后开泵将出现以水流代表的工艺演示，显示试压流程工艺，高压管汇压力升高。

（4）压裂（二次压裂）：压裂工艺演示的是压裂用液从储罐经过混砂车到低压管汇并经过压裂车泵打入高压管汇经过砂浓缩器和蜡球管汇并注入井下地层压开地层裂缝的过程（包括地层动画仿真）。

压裂工艺的一个典型操作如下，操作之间不分先后顺序。请提前结合地层参数设置好压裂车泵的压力参数，当加压大于井口破裂压力的时候才会演示地层压开裂缝的演示。

混砂车启动——压裂车启动。连续操作时如果上步工艺打开了一些过程则请跳过即可。

打开阀门 4,5——打开阀门 1,12 或打开阀门 2,11——打开车内视图——打开阀门 13——打开阀门 17。

打开阀门 20 和 23,或打开阀门 21 和 24,或打开阀门 22 和 25——打开阀门 62。

打开阀门 18——打开阀门 19。

开压裂车 1 泵——压裂车 1 泵入高压压裂液——不能压开则继续开压裂车并开泵注入压裂液。

开压裂车 2 泵——压裂车 2 泵入高压压裂液——计算排出压力等。

开压裂车 3 泵——压裂车 3 泵入高压压裂液——计算排出压力。

开压裂车 4 泵——压裂车 4 泵入高压压裂液——计算排出压力。

开压裂车 5 泵——压裂车 5 泵入高压压裂液——计算排出压力。

开压裂车 6 泵——压裂车 6 泵入高压压裂液——计算排出压力——不需要全部开启。

停各压裂车泵,压裂仿真动画结束。

流程演示:

打开阀门将显示阀门开闭的动画,开车将出现车开启的交互效果,打通阀门并正确开车后开泵将出现以水流代表的工艺演示。

(5)加砂(二次加砂):加砂工艺演示的是混砂车混砂并将混好的砂液经过压裂车泵打入高压管汇经过砂浓缩器和蜡球管汇注入井下地层裂缝的过程(包括地层动画仿真)。

加砂工艺的典型操作如下,请结合压裂工艺操作此工艺。请在上步操作的基础之上选择菜单中的本工序以下操作。

关闭阀门 18——关闭阀门 17——打开阀门 3,6,10——交联剂吸入动画演示。

打开阀门 14,16——启动吸入泵——混砂车上调节液添控制不低于 10。

点击"开运砂车"(画面中点击)——启动左输砂电机、右输砂电机。

混砂车上调节左输砂控制、右输砂控制、搅拌控制不低于 20——启动排出泵。

加砂动画演示——(打开阀门 43——注表面活性剂动画演示)——井下加砂动画演示。

停各压裂车泵,加砂仿真动画结束。

关闭排出泵——关闭吸入泵——关闭左输砂电机、右输砂电机——点击关闭"开运砂车"(画面中点击)。

关闭阀门 3(或者包含阀门 6,10 等)——关闭阀门 14,16——重开阀门 17,18。

流程演示:

打开阀门将显示阀门开闭的动画,开车将出现车开启的交互效果,打通阀门并正确开车后开泵将出现以水流代表的工艺演示。

(6)替挤(二次替挤):替挤工艺演示的是压裂用液从储罐经过混砂车到低压管汇并经过压裂车泵打入高压管汇经过砂浓缩器和蜡球管汇并注入井下地层压开地层裂缝的过程(包括地层动画仿真)。

替挤工艺的典型操作如下所示,操作之间不分先后顺序。或者在打开一个车的基础上再开另外的车及其泵,有压力叠加效果。

混砂车启动——压裂车启动。连续操作时如果上步工艺打开了一些过程则请跳过即可。

打开阀门 4,5——打开阀门 1,12 或打开阀门 2,11——打开车内视图——打开阀门

13——打开阀门 17。

打开阀门 20 和 23,或打开阀门 21 和 24,或打开阀门 22 和 25——打开阀门 62。

开压裂车 1 泵——压裂车 1 替挤动画演示。

开压裂车 2 泵——压裂车 2 替挤动画演示。

开压裂车 3 泵——压裂车 3 替挤动画演示。

开压裂车 4 泵——压裂车 4 替挤动画演示。

开压裂车 5 泵——压裂车 5 替挤动画演示。

开压裂车 6 泵——压裂车 6 替挤动画演示——不需要全部开启,依据演示目的即可。

流程演示:

打开阀门将显示阀门开闭的动画,开车将出现车开启的交互效果,打通阀门并正确开车后开泵将出现以水流代表的工艺演示。

(7)活动管柱:活动管柱工艺演示的是压裂结束后活动管柱的过程,为演示动画。本步工艺出现在常规压裂工艺中,实际使用中也是依需要采用。

连续过程时在上步操作的基础之上选择菜单中的本工序。

点击"拆除井口管线"—— 活动管柱动画。

在上步操作的基础之上选择菜单中的本工序,本步为演示动画。

(8)关井(二次关井):在上步操作的基础之上选择菜单中的本工序,为仿真演示动画。

确保井口管线拆除。

关闭阀门 47——关井动画演示。

流程演示:

打开阀门将显示阀门开闭的动画,开车将出现车开启的交互效果,打通阀门并正确开车后开泵将出现以水流代表的工艺演示。

(9)返排(二次返排):在上步操作的基础之上选择菜单中的本工序,为仿真演示动画。

为井口安装返排管线。

打开阀门 47——点击打开阀门 50——返排动画演示。

流程演示:

打开阀门将显示阀门开闭的动画,开车将出现车开启的交互效果,打通阀门并正确开车后开泵将出现以水流代表的工艺演示。

(10)投蜡球:投蜡球工艺演示的是压裂用液从储罐经过混砂车到低压管汇并经过压裂车泵打入高压管汇经过砂浓缩器和蜡球管汇并将蜡球管汇中储存的蜡球注入井下管柱的过程(包括地层动画仿真)。

在上步操作的基础之上选择菜单中的本工序。

混砂车启动——压裂车启动。连续操作时如果上步工艺打开了一些过程则请跳过即可。

打开阀门 4,5——打开阀门 1,12 或打开阀门 2,11——打开车内视图——打开阀门 13——打开阀门 17。

打开阀门 20 和 23,或打开阀门 21 和 24,或打开阀门 22 和 25。

关闭阀门 62——打开阀门 63——打开阀门 64——打开压裂车 4 泵——投蜡球动画演示(请必须使用 4 号压裂车)。

流程演示:

打开阀门将显示阀门开闭的动画,开车将出现车开启的交互效果,打通阀门并正确开车后开泵将出现以水流代表的工艺演示。

(11)投球(二次投球):投球工艺演示的是由井口投球器投入封堵铁球和铁球在井下管柱中使用情况的过程。

投球工艺典型操作如下所示,操作之间不分先后顺序。或者在打开一个车的基础上再开另外的车及其泵,有压力叠加效果。

混砂车启动——压裂车启动。连续操作时如果上步工艺打开了一些过程则请跳过即可。

打开阀门 4,5——打开阀门 1,12 或打开阀门 2,11——打开车内视图——打开阀门 13——打开阀门 17。

打开阀门 20 和 23,或打开阀门 21 和 24,或打开阀门 22 和 25——打开阀门 62——打开阀门 46,47。

打开投球器上底下的投球阀 1(从下往上数 2 为投球阀 2,二次投球工艺使用)。

打开压裂车 1 泵——投球动画演示(或者使用其他车和泵演示)。

停泵,投球仿真动画演示结束。

流程演示:

打开阀门将显示阀门开闭的动画,开车将出现车开启的交互效果,打通阀门并正确开车后开泵将出现以水流代表的工艺演示。

四种工艺中地面操作的步骤大致相同,在工艺进行时参考各工序操作即可。其中分层压裂工艺中的投球和再投球为动画演示,二次压裂、二次加砂等与压裂、加砂等的工序操作相同。限流压裂工艺和平衡压裂工艺重点在于地下的动画模拟演示部分。

压裂曲线记录时和操作时间有关,请尽可能完成连续的操作。

四、思考题

简述模拟压裂施工工序中压裂、加砂的具体操作步骤。

任务五　压裂酸化实训系统操作

一、实训目的

通过实训系统熟悉四种压裂工艺的施工操作流程和仪表设备操作流程,从而提高操作能力。

二、实训条件

压裂酸化实训系统。

三、实训内容

1. 实训系统综述

实训系统是为了在教学系统之后锻炼学生动手能力而设的软件仿真部分,可以对在教学系统中演示讲解的压裂工艺进行分工艺步骤的操作实训。学生操作对象主要为现场模拟阀门和压裂车仪表控制台与混砂车仪表控制台上的操作按钮。

各工艺步骤中的各个操作都需要学员在操作板和仪表控制台上进行操作,软件界面上的按钮点击事件将被屏蔽(辅助按钮除外),画面上的流程示意图只会实时显示现场各操作阀的开关状态和流程触发结果,如图4-13所示。

图4-13 实训系统压裂工艺流程图

以下操作步骤各阀门编号详见压裂酸化仿真操作说明书。

左侧界面将显示现场阀门的操作结果(阀门关闭为红色,开启为绿色),右侧界面将显示工艺操作的交互动画。此模式将需要压裂车仪表控制台和混砂车仪表控制台配合。操作时必须先将两个控制台的电源打开。注意操作前将控制台开关、旋钮和现场阀门等打到初始位置以便于实训操作。

仪表控制台的操作将全部在控制柜上完成。用户可以点击左侧画面右上角"压裂车仪表控制台"和"混砂车仪表控制台"按钮(画面打开时字体为绿色,关闭时为红色)将仪表控制柜的实时状态投影到右侧屏幕,同时即显示在投影仪中,如图4-14所示。

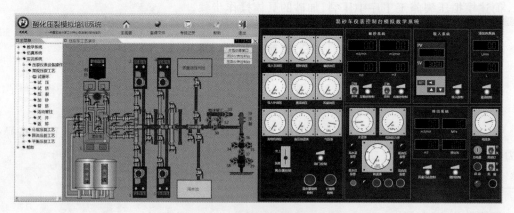

图4-14 实训系统仪表控制台

2.压裂车仪表控制台

(1)功能:模拟压裂车启动、加油门油量、停止、调压力排量等操作。

(2)压裂车启动操作:挂空挡——降低油门油量(数值10以下)——关闭熄火、复位按钮——按住启动按钮——自检灯亮起——(听到启动声音)——自检灯熄灭——上挡——调节油门油量——模拟流量、压力等参数——启动。

（3）压裂车停止：降低油门油量——挂空挡——打开熄火或复位按钮——停车。

（4）自检灯检测：点击各自检灯——压裂车将亮起相应的指示灯。打开"灯实验"开关将演示自检灯3次闪灭的自检过程。

3. 混砂车仪表控制台

（1）功能：模拟混砂车启动、调节混砂比、左右输砂流量、吸入系统流量、添加剂系统流量、输砂流量，模拟各种超温、超压报警等操作。

（2）混砂车启动操作：降低油门油量——点击启动按钮——混砂车仪表赋初值——合上离合——调节油门油量——调节左右输砂控制——调节吸入控制——调节添加剂控制——启动。

（3）压裂车停止：降低油门油量——拉下离合——点击熄火按钮——各调节控制复位——停车。

（4）报警模拟：调节水温、油温——模拟报警；点击各按钮——模拟各指示灯开关状态。

4. 实训工艺操作

（1）试循环：试循环工艺演示的是压裂用液从储罐经过混砂车到低压管汇并经过压裂车泵打入高压管汇最终在砂浓缩器处导入循环液池的过程，用来测试管路是否畅通。

其典型的操作如下，其中每车管路之间不分先后顺序。

混砂车启动——压裂车启动。

打开阀门1,2——打开阀门4,7或打开阀门5,8——打开车内视图——打开阀门11——打开阀门12；

打开阀门17和20，或打开阀门18和21，或打开阀门19和22——打开阀门38；

打开阀门23和24——启动压裂车泵1——1车试循环——停压裂车泵——（关闭阀门23和24）；

打开阀门25和26——启动压裂车泵2——2车试循环——停压裂车泵——（关闭阀门25和26）；

打开阀门27和28——启动压裂车泵3——3车试循环——停压裂车泵——（关闭阀门27和28）；

打开阀门29和30——启动压裂车泵4——4车试循环——停压裂车泵——（关闭阀门29和30）；

打开阀门31和32——启动压裂车泵5——5车试循环——停压裂车泵——（关闭阀门31和32）；

打开阀门33和34——启动压裂车泵6——6车试循环——停压裂车泵——（关闭阀门33和34）；结束（关闭各处阀门）。

启动压裂车1,2,3,4,5,6：

挂空挡——降低油门油量——选择启动压裂车——自检灯亮——听到启动声音——上挡——加油门油量——车已启动。

启动压裂车点击"压裂仪表控制台"按钮，打开相应显示画面。

启动混砂车：

降低油门油量——点击启动按钮——混砂车仪表赋初值——合上离合——调节油门油

量——调节左右输砂控制——调节吸入控制——调节添加剂控制——启动。

启动压裂车点击"压裂仪表控制台"按钮,打开相应显示画面。

流程演示:

打开阀门将显示阀门开闭的动画,开车将出现车开启的交互效果,打通阀门并正确开车后开泵将出现以水流代表的工艺演示。

打开低压管汇模拟泄漏阀门(阀门35)——模拟报警。

(2)试压:试压工艺演示的是压裂用液从储罐经过混砂车到低压管汇并经过压裂车泵打入高压管汇经过砂浓缩器和蜡球管汇到达井口的过程,用来测试地面管线连接的受压状况。

试压完毕后将管汇内的液体排放到循环液池;其典型的操作如下,其中每车管路之间不分先后顺序。或者在打开一个车的基础上再开另外的车及其泵,有压力叠加效果。

关闭阀门38——上步关则继续打开阀门42——启动压裂车1泵(试压演示动画)——停压裂车1泵——打开阀38(1车泄压动画)。

关闭阀门38——打开阀门25——打开阀门26——启动压裂车2泵(试压演示动画)——停压裂车2泵——打开阀38(2车泄压动画)。

关闭阀门38——打开阀门27——打开阀门28——启动压裂车3泵(试压演示动画)——停压裂车3泵——打开阀38(3车泄压动画)。

关闭阀门38——打开阀门29——打开阀门30——启动压裂车4泵(试压演示动画)——停压裂车4泵——打开阀38(4车泄压动画)。

关闭阀门38——打开阀门31——打开阀门32——启动压裂车5泵(试压演示动画)——停压裂车5泵——打开阀38(5车泄压动画)。

关闭阀门38——打开阀门33——打开阀门34——启动压裂车6泵(试压演示动画)——停压裂车6泵——打开阀38(6车泄压动画)。

关闭阀门38。

压裂车未启动时,压裂车泵不能启动。

流程演示:

打开阀门将显示阀门开闭的动画,开车将出现车开启的交互效果,打通阀门并正确开车后开泵将出现以水流代表的工艺演示。打开低压管汇模拟泄漏阀门(阀门42)——模拟报警。

(3)试挤:试挤工艺演示的是压裂用液从储罐经过混砂车到低压管汇并经过压裂车泵打入高压管汇经过砂浓缩器和蜡球管汇并注入井下地层的过程(包括地层动画仿真),此工艺在压裂工程中用来测试目的地层的受力情况。

试挤工艺的一个典型操作如下,操作之间不分先后顺序。或者在打开一个车的基础上再开另外的车及其泵,有压力叠加效果。

混砂车启动——压裂车启动。连续操作时如果上步工艺打开了一些过程则请跳过即可。

打开阀门1,2——打开阀门4,7或打开阀门5,8——打开车内视图——打开阀门11——打开阀门12。

打开阀门17和20,或打开阀门18和21,或打开阀门19和22——打开阀门42。

打开阀门46——打开阀门47——开压裂车1泵——(试挤演示)。

停压裂车1泵——试挤交互动画结束。

流程演示:

打开阀门将显示阀门开闭的动画,开车将出现车开启的交互效果,打通阀门并正确开车后开泵将出现以水流代表的工艺演示,显示试压流程工艺,高压管汇压力升高。

(4)压裂(二次压裂):压裂工艺演示的是压裂用液从储罐经过混砂车到低压管汇并经过压裂车泵打入高压管汇经过砂浓缩器和蜡球管汇并注入井下地层压开地层裂缝的过程(包括地下管柱、地层动画仿真)。

压裂工艺的一个典型操作如下,操作之间没有操作顺序。请提前结合地层参数设置好压裂车泵的压力参数,当加压大于井口破裂压力的时候才会演示地层压开裂缝的演示。

混砂车启动——压裂车启动。连续操作时如果上步工艺打开了一些过程则请跳过即可。

打开阀门1,2——打开阀门4,7或打开阀门5,8——打开车内视图——打开阀门11——打开阀门12。

打开阀门17和20,或打开阀门18和21,或打开阀门19和22——打开阀门42。

打开阀门10——打开阀门13。

开压裂车1泵——压裂车1泵入高压压裂液——不能压开则继续开压裂车并开泵注入压裂液。

开压裂车2泵——压裂车2泵入高压压裂液——计算排出压力等。

开压裂车3泵——压裂车3泵入高压压裂液——计算排出压力。

开压裂车4泵——压裂车4泵入高压压裂液——计算排出压力。

开压裂车5泵——压裂车5泵入高压压裂液——计算排出压力。

开压裂车6泵——压裂车6泵入高压压裂液——计算排出压力——不需要全部开启。

停各压裂车泵,压裂仿真动画结束。

流程演示:

打开阀门将显示阀门开闭的动画,开车将出现车开启的交互效果,打通阀门并正确开车后开泵将出现以水流代表的工艺演示。

(5)加砂(二次加砂):加砂工艺演示的是混砂车混砂并将混好的砂液经过压裂车泵打入高压管汇经过砂浓缩器和蜡球管汇注入井下地层裂缝的过程(包括地层动画仿真)。

加砂工艺的典型操作如下,请结合压裂工艺操作此工艺。在上步操作的基础之上选择菜单中的本工序以下操作。

关闭阀门10——关闭阀门12——打开阀门3,6,9——交联剂吸入动画演示。

打开阀门14,16——启动吸入泵——混砂车上调节液添控制不低于10。

点击"开运砂车"(画面中点击)——启动左输砂电机、右输砂电机。

混砂车上调节左输砂控制、右输砂控制、搅拌控制不低于20——启动排出泵。

加砂动画演示——(打开阀37——注表面活性剂动画演示)——井下加砂动画演示。

停各压裂车泵,加砂仿真动画结束。

关闭排出泵——关闭吸入泵——关闭左输砂电机、右输砂电机——点击关闭"开运砂车"(画面中点击)。

关闭阀门3(或者包含6,9等)——关闭阀门14,16——重开阀门10,12

流程演示:

打开阀门将显示阀门开闭的动画,开车将出现车开启的交互效果,打通阀门并正确开车后开泵将出现以水流代表的工艺演示。

(6)替挤(二次替挤):替挤工艺演示的是压裂用液从储罐经过混砂车到低压管汇并经过压裂车泵打入高压管汇经过砂浓缩器和蜡球管汇并注入井下地层压开地层裂缝的过程(包括地层动画仿真)。

替挤工艺的典型操作如下所示,操作之间不分先后顺序。或者在打开一个车的基础上再开另外的车及其泵,有压力叠加效果。

混砂车启动——压裂车启动。连续操作时如果上步工艺打开了一些过程则请跳过即可。

打开阀门1,2——打开阀门4,7或打开阀门5,8——打开车内视图——打开阀门11——打开阀门12。

打开阀门17和20,或打开阀门18和21、或打开阀门19和22——打开阀门42。

开压裂车1泵——压裂车1替挤动画演示。

开压裂车2泵——压裂车2替挤动画演示。

开压裂车3泵——压裂车3替挤动画演示。

开压裂车4泵——压裂车4替挤动画演示。

开压裂车5泵——压裂车5替挤动画演示。

开压裂车6泵——压裂车6替挤动画演示——不需要全部开启,依据演示目的即可。

流程演示:

打开阀门将显示阀门开闭的动画,开车将出现车开启的交互效果,打通阀门并正确开车后开泵将出现以水流代表的工艺演示。

(7)活动管柱:活动管柱工艺演示的是压裂结束后活动管柱的过程,为演示动画。本步工艺出现在常规压裂工艺中,实际使用中也是依需要采用。

连续过程时在上步操作的基础之上选择菜单中的本工序。

点击"拆除井口管线"—— 活动管柱动画。

在上步操作的基础之上选择菜单中的本工序,本步为演示动画。

(8)关井(二次关井):在上步操作的基础之上选择菜单中的本工序,为仿真演示动画。

确保井口管线拆除。

关闭阀门47——关井动画演示。

流程演示:

打开阀门将显示阀门开闭的动画,开车将出现车开启的交互效果,打通阀门并正确开车后开泵将出现以水流代表的工艺演示。

(9)返排(二次返排):在上步操作的基础之上选择菜单中的本工序,为仿真演示动画。

为井口安装返排管线。

打开阀门47——点击打开阀门50——返排动画演示。

流程演示:

打开阀门将显示阀门开闭的动画,开车将出现车开启的交互效果,打通阀门并正确开车后开泵将出现以水流代表的工艺演示。

(10)投蜡球:投蜡球工艺演示的是压裂用液从储罐经过混砂车到低压管汇并经过压裂车泵打入高压管汇经过砂浓缩器和蜡球管汇并将蜡球管汇中储存的蜡球注入井下管柱的过程(包括地层动画仿真)。

在上步操作的基础之上选择菜单中的本工序。

混砂车启动——压裂车启动。连续操作时如果上步工艺打开了一些过程则请跳过即可。

打开阀门 1,2——打开阀门 4,7 或打开阀门 5,8——打开车内视图——打开阀门 11——打开阀门 12。

打开阀门 17 和 20,或打开阀门 18 和 21,或打开阀门 19 和 22。

关闭阀门 42——打开阀门 43——打开阀门 44——打开压裂车 3 泵——投蜡球动画演示(请必须使用 3 号压裂车)

流程演示:

打开阀门将显示阀门开闭的动画,开车将出现车开启的交互效果,打通阀门并正确开车后开泵将出现以水流代表的工艺演示。

(11)投球(二次投球):投球工艺演示的是由井口投球器投入封堵铁球和铁球在井下管柱中使用情况的过程。

投球工艺典型操作如下所示,操作之间不分先后顺序。或者在打开一个车的基础上再开另外的车及其泵,有压力叠加效果。

混砂车启动——压裂车启动。连续操作时如果上步工艺打开了一些过程则请跳过即可。

打开阀门 1,2——打开阀门 4,7 或打开阀门 5,8——打开车内视图——打开阀门 11——打开阀门 12。

打开阀门 17 和 20,或打开阀门 18 和 21,或打开阀门 19 和 22——打开阀门 42——打开阀门 46,47。

打开投球器上底下的投球阀 1(从下往上数 2 为投球阀 2,二次投球工艺使用)。

打开压裂车 1 泵——投球动画演示(或者使用其他车和泵演示)。

停泵,投球仿真动画演示结束。

流程演示:

打开阀门将显示阀门开闭的动画,开车将出现车开启的交互效果,打通阀门并正确开车后开泵将出现以水流代表的工艺演示。

四种工艺中地面操作的步骤大致相同,在工艺进行时参考各工序操作即可。其中分层压裂工艺中的投球和再投球为动画演示,二次压裂、二次加砂等与压裂、加砂等的工序操作相同。限流压裂工艺和平衡压裂工艺重点在于地下的动画模拟演示部分。

压裂曲线记录时和操作时间有关,请尽可能完成连续的操作。

四、思考题

分析仿真系统和实训系统的区别都有哪些。

项目五　采油工具模型拆装实训

任务一　井口装置模型拆装

一、实训目的

(1)掌握井口装置结构与作用。

(2)通过拆装熟悉模型的组成部分及现场使用要求。

二、实训工具

井口装置模型。

三、实训内容

井口装置模型进行拆装。

四、实训要求

1.井口装置结构

截止阀、井口闸阀、卡箍、节流阀、压力表、油管头总成、套管头、堵头。

2.原理

井口装置包括套管头、油管头总成和采油树3部分。它的连通形式分为螺杆式、法兰式和卡箍式,本装置属于卡箍式。套管头是连接套管和各种井口装置的部件,用以支撑套管的质量并密封各层套管之间的环形空间。油管头总成包括大四通和油管悬挂器等,安装在与采油树和套管头之间,用于支撑井内油管的质量,其中油管悬挂器悬挂井内油管,它和大四通之间的锥面配合,密封油套管环形空间,通过大四通体上的两个倒口可以完成注平衡液和洗井等作业。采油树包括压力表、小四通、节流阀、截止阀和井口闸阀,其中节流阀是用来控制油井产量的部件,通过更换节流阀内不同孔径的油嘴来控制油井的生产压差和产液量。

五、操作步骤

采油井口装置模型拆装步骤如下。

1.拆卸步骤

清蜡阀门→截止阀→井口闸阀→节流阀→总闸门→套管压力表→油管头总成→堵头→套管头。

2.组装步骤

套管头→套管压力表→油管头总成→堵头→总闸门→截止阀→节流阀→井口闸阀→节流

阀→清蜡阀门。

六、思考题

分析实训中采油井口装置模型的拆装步骤及现场安装步骤。

任务二　抽油泵模型拆装

一、实训目的

(1)掌握管式抽油泵的结构与工作原理。
(2)熟悉管式抽油泵的现场使用要求和组配方法。

二、实训工具

管式抽油泵模型。

三、实训内容

对管式抽油泵模型进行拆装。

四、实训要求

1. 结构

抽油杆接箍、油管接箍、加长短节、泵筒接箍、抽油杆、泵筒、上出油阀、柱塞、下出油阀、打捞体、固定阀、支撑接头、支撑环、缩紧心轴、密封接头。

2. 原理

管式抽油泵是最为常用的一种有杆抽油泵,它的泵筒直接连接在油管柱下端,柱塞随抽油杆下泵筒内,管式泵理论排量大,一般用于供液能力强、产量较高的浅、中深油井,作业时必须起出全部油管。

管式泵柱塞做上下往复运动,分为上冲程和下冲程。上冲程,是柱塞在抽油杆的带动下向上移动,上出油阀和下出油阀在柱塞上面液柱载荷的作用下关闭,固定阀在沉没压力的作用下打开,柱塞让出泵筒内的容积,岩油进入泵筒,完成泵的吸入过程,同时,在井口将排出相当柱塞冲程长度的一段液体。下冲程,是抽油杆带动柱塞向下移动。下冲程时,抽油杆带动柱塞向下移动,液柱载荷从柱塞上移动到油管上,在泵内液体压力的作用下,上、下出油阀打开,固定阀关闭,泵内的液体排出泵筒,完成泵的排出过程。柱塞连续上下往复运动,便将井液不断地抽汲到井口,进入集输系统中。

五、操作步骤

1. 拆卸步骤

油管接箍→加长短节→泵筒接箍→泵筒→抽油杆接箍→抽油杆→上出油阀→柱塞→下出油阀→打捞体→固定阀→支撑接头→支撑环→缩紧心轴→密封接头。

2.组装步骤

密封接头→缩紧心轴→支撑环→支撑接头→固定阀→打捞体→下出油阀→柱塞→上出油阀→抽油杆→抽油杆接箍→泵筒→泵筒接箍→加长短节→油管接箍。

六、思考题

分析管式抽油泵和杆式抽油泵的区别。

任务三　KPX 偏心配产器模型拆装

一、实训目的

(1)掌握 KPX 偏心配产器的结构与作用及其工作原理。
(2)熟悉 KPX 偏心配产器的拆装步骤。

二、实训工具

KPX 偏心配产器模型。

三、实训内容

对 KPX 偏心配产器模型进行拆装。

四、实训要求

1.结构

上接头、上连接套、扶正器、堵塞器、主体、下连接套、支架、导向体、下接头。

2.原理

偏心配产器主要由偏心工作筒和堵塞器两部分组成,用于分层试油、采油、找水和堵水。正常配产时,堵塞器靠其主体的偏心孔台阶坐于工作筒主体的偏心上,凸轮卡于偏孔上部的扩孔处,堵塞器主体上下两组密封圈封住偏孔的出液槽,正常生产时各层段油流从套管环形空间经各级配产器偏心工作筒主体的偏孔、堵塞器主体的进液槽、油嘴和出液槽方向流进油管,从而起到控制压差分层配产的作用。

五、操作步骤

1.拆卸步骤

上接头→上连接套→扶正器→堵塞器→主体→下连接套→支架→导向体→下接头。

2.组装步骤

下接头→导向体→支架→下连接套→主体→堵塞器→扶正器→上连接套→上接头。

六、思考题

分析 KPX 偏心配产器的用途。

任务四　Y211－114－15/120 型封隔器模型拆装

一、实训目的

(1)掌握 Y211－114－15/120 型封隔器的结构与作用。
(2)熟悉 Y211－114－15/120 型封隔器的工作原理及拆装步骤。

二、实训工具

Y211－114－15/120 型封隔器模型。

三、实训内容

对 Y211－114－15/120 型封隔器模型进行拆装。

四、实训要求

1. 结构
上接头、胶筒、锥体、卡瓦、顶套、扶正器、短轨道、长轨道、下中心管、下接头。

2. 原理
Y211－114－15/120 型封隔器属卡瓦支撑式封隔器,主要由密封、卡瓦支撑、扶正装置、轨道换向 4 部分组成。

坐封:封隔器下井时,轨道销钉处于下中心管的短轨道上死点,卡瓦被锁球锁在下中心管上,保证顺利下井。当下至设计位置时,上提油管一定高度,轨道销钉在扶正体与套管摩擦力的作用下滑至短轨道下死点,再下放管柱,轨道销钉滑入长轨道并相对下中心管上移,同时带动顶套推动挡球套上移,锁球脱离下中心管而使卡瓦与锥体产生相对运动,卡瓦张开在套管内壁上形成支撑点,同时管柱的部分质量压在封隔器的胶筒上,利用胶筒径向胀开,密封油套环形空间。

解封:上提管柱,胶筒回缩,即可取出封隔器。

五、操作步骤

1. 拆卸步骤
上接头→胶筒→锥体→卡瓦→顶套→扶正器→短轨道→长轨道→下中心管→下接头。

2. 组装步骤
下接头→下中心管→长轨道→短轨道→扶正器→顶套→卡瓦→锥体→胶筒→上接头。

六、思考题

分析 Y211－114－15/120 型封隔器型号编制及工作原理。

任务五　KPX-114 型偏心配水器模型拆装

一、实训目的

(1)掌握 KPX-114 偏心配水器的结构与作用。
(2)熟悉 KPX-114 偏心配水器的工作原理及拆装步骤。

二、实训工具

KPX-114 偏心配水器模型。

三、实训内容

对 KPX-114 偏心配水器模型进行拆装。

四、实训要求

1.结构
上接头、筒体、导向体、堵塞器、主体、下接头。

2.原理
正常注水时,堵塞器靠其主体的台阶位于工作筒主体的偏孔上,凸轮卡于偏孔上部的扩孔处(因凸轮在打捞杆的下端和扭簧的作用下,可向上来回转动,故堵塞器能进入工作筒,被主体的偏孔卡住而飞不出),堵塞器主体上下两组各两根 O 形圈封住偏孔的出液槽,注入水即以堵塞器滤罩、水嘴、堵塞器主体的出液槽和工作筒主体的偏孔进入油套环形空间后注入地层。

五、操作步骤

1.拆卸步骤
上接头→筒体→导向体→主体→堵塞器→下接头。

2.组装步骤
下接头→堵塞器→主体→导向体→筒体→上接头。

六、思考题

分析 KPX-114 偏心配水器的工作原理。

项目六　垂直管流实训

一、实训目的

(1)观察垂直井筒中出现的各种流型,掌握流型判别方法。

(2)验证垂直井筒多相管流压力分布计算模型。

(3)了解自喷及气举采油的举升原理。

二、实训设备及材料

仪器与设备:自喷井模拟器、分离器、储液罐、空气压缩机、离心泵、秒表等。

实验介质:空气、水。

三、实训原理

在许多情况下,当油井的井口压力高于原油饱和压力时,井筒内流动着的是单相液体。当自喷井的井底压力低于饱和压力时,则整个油管内部都是气液两相流动。油井生产系统的总压降大部分是用来克服混合物在油管中流动时的重力和摩擦损失,只有当气液两相的流速很高时(如环雾流型),才考虑动能损失。在垂直井筒中,井底压力大部分消耗在克服液柱重力上。在水平井水平段,重力损失也可以忽略。

在流动过程中,混合物密度和摩擦力随着气液体积比、流速及混合物流型而变化。油井中可能出现的流型自下而上依次为纯油流、泡流、段塞流、环流和雾流。除某些高产量凝析气井和含水气井外,一般油井都不会出现环流和雾流。

各种流型的特征如下:

(1)纯油流:当井筒中的压力高于饱和压力时,没有气体从油中分离出来,油呈单相流动。

(2)泡流:气体是分散相,液体是连续相;气体主要影响混合物的密度,对摩擦阻力的影响不大;滑脱效应比较严重。

(3)段塞流:气体呈分散相,液体呈连续相;一段气一段液交替出现;气体膨胀能得到较好的利用;滑脱损失变小,摩擦损失变大。

(4)环流:在环流结构中,气液两相都是连续的,气体的举油作用主要是靠摩擦携带,滑脱损失小,摩擦损失更大。

(5)雾流:气体是连续相,液体是分散相;气体以很高的速度携带液滴喷出井口;气、液之间的相对运动速度很小;气相是整个流动的控制因素。

本实验以空气和水作为实验介质,用阀门控制井筒中的气、水比例并通过仪表测取相应的流量和压力数据,同时可以从透明的有机玻璃管中观察相应的流型。

四、实训步骤

（1）检查自喷井模拟器的阀门开关状态，保证所有阀门都关闭，检查稳压罐的液位（3/4液位）。

（2）打开空气压缩机及供气阀门。

（3）打开离心泵向系统供液。

（4）打开液路总阀门，向稳压罐中供液，控制稳压罐减压阀，保证罐内压力不超过0.12 MPa。

（5）待液面达到罐体3/4高度，关闭液路总阀门，轻轻打开气路总阀门和气路旁通阀门，向实验管路供气，保证气路压力不大于0.5 MPa，稳压罐压力约为0.8 MPa。

（6）轻轻打开液路旁通阀门，向系统供液，待液面上升至井口时，可以改变气液阀门的相对大小，观察井筒中出现的各种流型。

（7）慢慢打开液路测试阀门和气路测试阀门，然后关闭气路旁通阀门和液路旁通阀门，调节到所需流型，待流型稳定后开始测量。

（8）按下流量计算仪清零按钮，同时启动秒表计时，观察井底流压和气体浮子流量计的示数。当计时到10 s时，记录井底流压、气体流量、液体累计流量和所用时间。

（9）改变不同的气液流量，重复步骤（7）到（8）记录数据，一般取5组段塞流和5组泡流数据点。

（10）打开气、液旁通阀门，再关闭测试阀门，关闭离心泵和空压机，清理实验装置，实验结束。

五、注意事项

（1）不要踩踏地面的各种管道。

（2）操作自喷井模拟器时要注意稳压罐中的液位，不要打空或溢出。

（3）观察的浮子流量计和压力表示数应读取测量时间内的平均值。

（4）浮子流量计的单位和流量计算仪的单位。

（5）注意流量计算仪清零的操作方法。

六、思考题

1. 分析油井中流态类型的判断依据。
2. 分析自喷及气举采油的举升原理。

参 考 文 献

[1] 郑爱军. 采油工程实训指导[M]. 北京:石油工业出版社,2007.

[2] 杨伟. 井下作业实训指导[M]. 北京:石油工业出版社,2007.

[3] 于云琦. 采油工程[M]. 北京:石油工业出版社,2006.

[4] 孙树强. 井下作业[M]. 北京:石油工业出版社,2006.

[5] 中国石油天然气集团公司职业技能鉴定指导中心. 石油石化职业技能鉴定教材采油工[M]. 北京:石油工业出版社,2009.

[6] 中国石油天然气集团公司职业技能鉴定指导中心. 石油石化职业技能鉴定教材井下作业工[M]. 北京:石油工业出版社,2009.

[7] 中国石油天然气集团公司职业技能鉴定指导中心. 石油石化职业技能鉴定教材采气工[M]. 北京:石油工业出版社,2014.

[8] 关井程序 [EB/OL]. (2014-08-19) http://wenku. baidu. com/view/ff9f3475b4daa58da1114a13. html? from=search.

[9] 油层压裂酸化技术[EB/OL]. (2016-01-26)http://wenku. baidu. com/view/82bf86c9e87101f69f3195cd. html? from=search.

[10] 刘明. 垂直管流[EB/OL]. (2011-11-09)http://wenku. baidu. com/view/1b79dc85e53a580216fcfe6c. html? re=vi.

[11] 计量站工艺流程[EB/OL]. (2013-02-12)http://wenku. baidu. com/view/b6f5f744e518964bcf847c24. html? from=search.

[12] 注水工艺流程[EB/OL]. (2012-02-10)http://wenku. baidu. com/view/b9a09f5fbe23482fb4da4c78. html? from=search.